樹木医がおしえる木のすごい仕組み

THE ARBORIST EXPLAINS
HOW TREES WORK

瀬尾一樹
SEO KAZUKI

ベレ出版

はじめに

問題です。

「東京の渋谷や新宿などの大都市にも普通に存在している、背の高さがキリンやゾウよりも大きくなる生き物、なんでしょう?」

この本のタイトルなどから容易に察せられるかと思いますが、答えは「木（高木になる木本植物）」です。おおざっぱな括りではありますが、イチョウやケヤキなど、街路樹として当たり前に植えられる木は当たり前のように10mを超えるような大きさに育ちます。

| ツツジ類など、10mまでは育たない低木も多くいます。

毎朝何百人ものサラリーマンが行き交うすぐ横で、そんな巨大生物たちが立ち並んでいて、それが誰も気に留めない当たり前の景色となっているのです。よくよく考えたら、結構不思議な光景だと思いませんか?

この本では、そんな木の「生き物としての生き方」について紹介していきます。「木も生き物である」ということは、いわれてみればその通りなのですが、なかなか実感が湧きづらいものではないでしょうか。実際に観察会や本な

どでも、木そのものよりも「この木はこういうことに利用される」「この木はこんな生き物の役に立っている」などの紹介をされることは少なくないと思います。

　　| 　もちろん、そういうトピックを否定しているわけではありません。

　何せ人間と木は全くといっていいほど違う生き物で、体のつくりも生きるための仕組みも、共通点を見つける方が難しいほどです。また、あまりに風景に馴染みすぎて、木が生きていること自体わざわざ意識することもないかもしれません。

　しかし木をじっくり観察すると、一律に並んで植えられた木でもそれぞれ違った枝ぶりをしているのがわかりますし、日々様子が変わっていることがよくわかります。観察を続けていくうちに、「この木はこういう環境が好きなのか」「こういう枝の伸ばし方をするのか」と、木の生き方が見えるようになってきます。

　また、街中でみられる木にもたくさんの種類があり、人の背丈を超えない低木になるものもいれば10mを超える高木になるものもいて、大きな花を咲かせるものもいれば目立たない花でそっと花粉を運ぶものもいます。それぞれの生き方は、種類や環境ごとに様々です。

そうした木の生き方に目が向くようになると、今まで当た
り前に見てきた景色の見え方も少し変わってくるのではな
いかと思います。この本をきっかけに、あなたが身近に生
きる木に少しでも目を向けて観察してくれたら、とても嬉し
いです。

　一応先にお伝えしておくと、この本では「普通の人は考
えもしないだろうが、木はこういう生き物だ！　心して観察し
ろ！」とか、「木も生きているのだからもっと大事にしろ！　剪
定や伐採なんてもってのほかだ！」とか、そうしたことをい
いたいのではありません。

> 本文でもお話ししていますが、この巨大生物を街中で維持する
> ために剪定や伐採はある程度必要なものだと思っています。

　ただ「木」という身近に当たり前に存在する生き物のこ
とをもっとよく知れたら、きっと日々が少しだけ楽しくなる
のではないかなと思っているのです。多くの人が通勤や通
学で毎日のように歩く道には、大概何かしらの木が植えて
ある、もしくは生えていると思います。

　そうした木を見て「おっ、昨日より新芽が開いてきてる
ぞ！」「この木はもしかしたら最近調子が良いのかもしれな

いな」みたいなことを思えるようになったら、ちょっと日常に彩りができると思いませんか?

　そうした視点や感覚は、無くても大して損はしませんし、あっても大した役には立たないことが多いと思います。しかしあると無いでいったら、きっとあった方が良いですよね。この本が、あなたの日常を彩ることに少しでも役に立てば良いなと思っています。

　この本では、あまりマニアックなことは扱っていません。木についてある程度詳しい人からすれば当たり前のことだったり、補足説明を入れたくなったり、ちょっと物足りなかったりすることもあるだろうと思います。

　そうしたつくりにしたのは、単に僕の専門性の低さもあるのですが、木に詳しい人なら当たり前に知っているけど、そうでない人には面白がってもらえることって結構あるのではないかと思ったためです。

　僕は樹木医という資格を少し前に取ったのですが、その勉強のために「樹木医の手引き」という事典のような分厚い本を何度も何度も繰り返し読みました。教科書的な本なので文章は堅い言葉で淡々と書いてあり、お世辞にも読み

やすい本とはいえなかったのですが、内容は知らないこと
だらけで、「木の基本的なことでもこんなに面白いのか！」
と、楽しく勉強を進められた覚えがあります。

　また、そうした知識をもとに木を観察すると、今まで当
たり前に見ていた木の見え方が全く変わってきたのも新鮮
で感動しました。木にある程度詳しい方なら当たり前のよ
うに知っているようなことでも、初めて知るととっても面白
いものです。

　この本はそうした僕の体験をベースにして、読んだ人の
木を見る目が変わってくれたら良いなと思って書きました。
木の生き物としての特徴がわかれば、あなたの生活に風景
として存在していた木が、何やらすごい存在に思えてくる
かもしれません。今まで特に意識していなかった身近なも
のの面白さに気づくと、きっと街を歩くだけで楽しくなって
くるはずです。

　前置きが長くなってしまいましたが、木という生き物が
どんな生き方をしているのか、ぜひあなたの身近に存在す
る木を想像しながら読んでみてください。

もくじ

はじめに 3

樹木医がおしえる 木のすごい仕組み

第1章 木の きほん

木の基本用語 12
木の成長の仕方、年輪の見方 14
木に関する素朴な疑問 15

第2章 木が自分を 支える構造

「年輪の幅が広い方が南」は本当？ 28
なるべく倒れないケガの治し方 35
移動ができないので、自由自在に変形する 40
倒れないように、根っこを板にする 47
体を食べ尽くされても、至って健康なワケ 52

第3章 木の姿から読みとれること

木の声なき声を聞きとる　58
どうしてこんな姿になった？　80
樹形からわかる、マツの生きてきた道　96

第4章 年輪からわかること

年輪から読み解く木の一生　102

第5章 木も生きている

いざというときのために出る予備の枝葉　118
ルール無用、使い道色々な不定根　124
どっしり構えているように見えて、実は色々やっている　130
枝がその方向に伸びている意味　139
街路樹の花、見たことありますか？　145
街路樹の種を運ぶのは？　151
過酷な環境を生き抜く木　156
木が死ぬことで循環する命　168

第6章 木と暮らす生き物

木が作り出す、小さな生き物たちの世界　174
木に乗っかって暮らす植物たち　180
キノコや目に見えない菌が森をつくる　184
木を食べる色々な生き物たち　190

第7章 身近な木の図鑑と木のもろもろ

身近な木の図鑑　208
木と草の境界線は？　213
木を切るのは悪いこと？　216
木の枝にできる謎の模様　220
木と木を合体させる技術　224

おわりに　220
索引　232
参考文献　236

木のきほん

第 1 章

木の基本用語

形成層（けいせいそう）
木部と樹皮の間にできる、細胞分裂する部位。細胞分裂し、外側に樹皮を、内側に木部をつくる。

髄（ずい）
幹の中心部にあるやわらかいスポンジのような部位。樹種によっては空洞になるものもある。

樹皮（じゅひ）
形成層から外側の部位。幹の外側を覆うようにつく。外樹皮は外敵や乾燥などから身を守る役割が、内樹皮は師部として光合成でつくった栄養を運んだり貯めたりする役割がある。

辺材（へんざい）
木部の外側の、色が薄い部位。水を通していて、放射組織などの柔細胞も生きている。

心材（しんざい）
木部のうち、内側の古くなった部位。抗菌物質の蓄積により普通色が濃くなるが、樹種によってはわかりづらいものもある。水を通しておらず、放射組織などの柔細胞も死んでいる（水を含むことはある）。

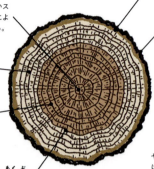

ヤシなど単子葉植物には年輪ができません。

木部（もくぶ）
水を運んだり、体を支えたり、栄養を貯めたりする役割のある部位。細長い空洞の死んだ細胞である導管や仮導管、生きた細胞である柔細胞（放射組織など）などからなる。通常、木材として使われるのはこの部分。

外樹皮（がいじゅひ）
樹皮の最も内側のコルク皮層から外側の部位。幹が太って外側に押し出されるにつれ剥がれ落ちていく。ケヤキなど、樹種によっては規則的に剥がれ落ちるものもある。

晩材（ばんざい）
肥大成長した木部のうち、夏につくられた部分。年輪の線の部分。早材より硬く、色が濃いことが多い。

早材（そうざい）
肥大成長した木部のうち、春につくられた部分。晩材よりやわらかく、色が薄いことが多い。

冬に樹木が休眠しない熱帯の木には、基本的に年輪ができません（雨季と乾季がある地域などではできることもあります）。

コルク形成層（けいせいそう）
木の幹が太くなり、押し出された皮層や師部が変化したもの。内側にコルク皮層、外側にコルク層をつくる。幹がさらに太るにつれ、コルク形成層も押し出されて死に、新たなコルク形成層ができる。

内樹皮（師部）（ないじゅひ）
樹皮の内側の部位。光合成でつくった栄養を運んだり貯めたりする役割がある。幹の肥大成長と共に外側に押し出される。

放射組織（ほうしゃそしき）
柔細胞という、生きた細胞がいる組織。栄養を貯めたり、防御物質をつくりだしたりする役割がある。

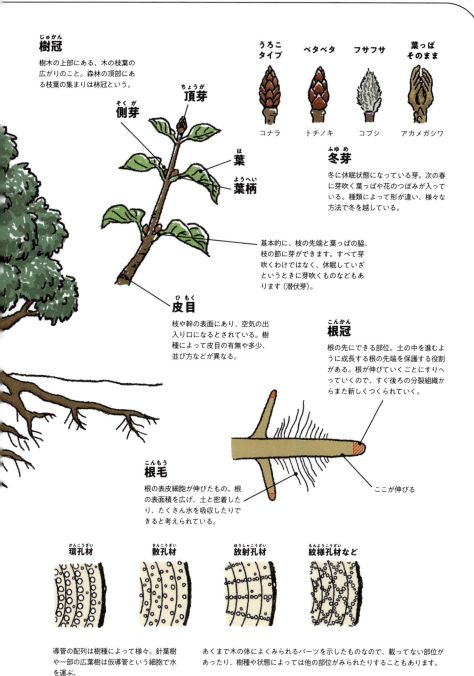

1 木のきほん

樹冠（じゅかん）
樹木の上部にある、木の枝葉の広がりのこと。森林の頂部にある枝葉の集まりは林冠という。

頂芽（ちょうが）

側芽（そくが）

葉（は）

葉柄（ようへい）

うろこタイプ コナラ
ベタベタ トチノキ
フサフサ コブシ
葉っぱそのまま アカメガシワ

冬芽（ふゆめ）
冬に休眠状態になっている芽。次の春に芽吹く葉っぱや花のつぼみが入っている。種類によって形が違い、様々な方法で冬を越している。

基本的に、枝の先端と葉っぱの脇、枝の節に芽ができます。すべて芽吹くわけではなく、休眠していざというときに芽吹くものなどもあります（潜伏芽）。

皮目（ひもく）
枝や幹の表面にあり、空気の出入り口になるとされている。樹種によって皮目の有無や多少、並び方などが異なる。

根冠（こんかん）
根の先にできる部位。土の中を進むように成長する根の先端を保護する役割がある。根が伸びていくごとにすりへっていくので、すぐ後ろの分裂組織からまた新しくつくられていく。

根毛（こんもう）
根の表皮細胞が伸びたもの。根の表面積を広げ、土と密着したり、たくさん水を吸収したりできると考えられている。

ここが伸びる

環孔材（かんこうざい）
散孔材（さんこうざい）
放射孔材（ほうしゃこうざい）
紋様孔材など（もんようこうざい）

導管の配列は樹種によって様々。針葉樹や一部の広葉樹は仮導管という細胞で水を運ぶ。

あくまで木の体によくみられるパーツを示したものなので、載ってない部位があったり、樹種や状態によっては他の部位がみられたりすることもあります。

13

木の成長の仕方、年輪の見方

木の成長は原則「つけ足し方式」

木の成長は、すでにできた組織の形が変わるようなものではなく、既存の組織に新しい組織が「つけ足される」形で起こります。細胞分裂する部位も、基本的には芽や形成層など決まった部位のみです。芽ができる位置は、枝先や葉っぱの付け根など決まっていますが、根などに不定芽ができて新たな枝葉がつくられるものもあります。

芽や形成層などが細胞分裂して成長します。

芽から新しい枝葉がつくられ、枝は年々肥大成長します。

形成層が細胞分裂して、内側に木部（導管や仮導管）、外側に師部（師管や師細胞）をつくります。形成層の内側に新たな木部が、外側に新たな師部が付け足されていくので、木部では年輪の内側に向かうほど古い組織に、師部では外側に向かうほど古い組織になります。

木部は、多くの場合年が経つと水を吸い上げるなどの役目を終え、死んだ組織になります。古い死んだ組織には抗菌物質が蓄積されて色が変わります（種類によっては色づかないこともあります）。

外側に押し出された古い師部は、やがて外側にコルク層、内側にコルク皮層をつくるコルク形成層へと変化します。そこからつくられたコルク層が、普段目にする樹皮（外樹皮）の部分です。種類によっては頻繁に樹皮が剥がれ落ちるものもあります。

樹皮に大きな傷ができると、周囲の形成層から傷を塞ぐための組織がつくられます。

両端から伸びた組織がくっつくと、やがて境目がなくなり傷が塞がります。

第 1 章　木のきほん

木に関する素朴な疑問

Q　木はどうやって水を吸い上げているの？

　木の高いところにある葉っぱが蒸散(じょうさん)を行なって水が出ていくことで、水が下から上に引っ張られていくといわれています。それに加え、根っこが吸収した水を上に押し上げる力（根圧）や、細い管を水が登っていく毛細管現象なども関わっていると考えられています。

　ただし、まだまだわかっていない部分も多いようです。大きなスギの木などでは、高いところにある葉に水を貯めるようなこともしているそうです。

肉眼では認識しづらいが、木の幹は水を通すパイプが大量に集まってできている。

どうして冬になると落葉するの?

　寒さや乾燥に耐えるためと考えられます。寒い地方では気温が低くて光合成がしづらいだけでなく、葉っぱが凍ってしまったり、雪が積もって枝折れの原因になったりすることもあります。

　そのため、冬が近づくと落葉樹は葉っぱの栄養を回収して落葉し、鱗や毛で覆われた冬芽を枝に残した状態で休眠するのです。落葉樹の葉っぱが活躍するのは春から秋の半年ちょっとくらいなので、同じ葉っぱを数年使う常緑樹に比べて葉っぱが薄いものが多く、比較的使い捨てしやすいパーツになっています。

　また、常緑樹も1〜数年使って古くなった葉っぱは落葉します。順次落葉していくものもあれば、春先の芽吹き前にまとめて落葉するものも多いです。

　また、熱帯の乾季と雨季のある地域では、乾季に落葉する雨緑林と呼ばれる森ができます。変わったものだと、日本に自生するオニシバリというジンチョウゲ科の低木が夏に落葉します。

1 木のきほん

枝や葉っぱに雪が積もって枝折れした常緑樹のシラカシ。冬には寒さだけではないリスクがある。

Q どうやって季節の変化を感じ取っているの？

　日長（夜の長さ）や気温を感知することで季節を感じ取っているとされています。気温だけで季節を感じようとすると、年によって変動があって変な時期に暑くなったり寒くなったりすることがあるので、季節を正しく感じ取ることができません。しかし、日長なら年によって大きく変わることもないので、ある程度正しく季節がわかります。日長が変わることにより、落葉をしたり花芽をつくったりしています。

　そのため、街中の街灯などによって季節に関係なく明かりにさらされていると、木が季節の移り変わりを

街灯の光に近い部分だけ落葉せずに残っている木。日長を感じられなくなっていると思われる。

感知できず、冬になっても落葉しなくなる場合も多いです（樹種によって街灯による影響の大きさが変わり、ケヤキやイチョウなどは比較的影響が少ないですが、トウカエデなどは影響を受けやすいといわれます）。

気温がきっかけで変化が起こる場合もあり、たとえばソメイヨシノでは冬の間に一定期間寒さにさらされないと花芽の休眠が解除されないので、暖かい地方では咲く時期がずれるなどの影響があります。

どこからが木でどこからが草？

多くの場合、「多年生で」「幹が年々太っていき（二次肥大成長し）」「木部組織が発達する」ものが木とされます。それに従うとヤシやタケは木ではないということになりますが、便宜上木として扱われることも多いです。詳しくはp.213「木と草の境界線は？」にて。

木のように大きくなるヤシの仲間も、定義に当てはめると木ではない。

剪定されて葉っぱが無くなっても復活するのはなぜ？

葉っぱが無くなったときに芽吹く、潜伏芽と呼ばれる緊急用の芽があるためです。剪定によって枝葉が無くなると芽が動き出し、樹体内に残された栄養を使って芽吹きます。樹種などによっては、不定芽と呼ばれる芽が新しくできることもあります。詳しくはp.118「いざというときのために出る予備の枝葉」にて。

伐採されても潜伏芽などから復活することがある。

世界で一番大きな木は？

北アメリカに自生するセンペルセコイアという木の「ハイペリオン」と名のついた個体が樹高では最大だといわれています。センペルセコイア自体は日本の植物園などにも植えられているものを見ることができます。ちなみに、日本で一番大きいとされているのは鹿児島県にある「蒲生の大クス」と呼ばれるクスノキで、樹高30ｍほど、幹回りの長さ24.2ｍです。樹高では京都にあるスギの木の62.3ｍが最高といわれています。

どうして種類によって樹皮の色や形が違うの？

樹皮の分厚さ、密度などの違いによって、木を丈夫にする、水を貯める、光合成する（樹皮で光合成することがあります）、火事から身を守るなどの役割があると考えられていますが、わかっていないことも多いようです。樹皮がどんな機能を発達させているのか、どんな役割を果たしているのか、それぞれ樹種によって異なるために色形が違うのだと思います。

　また、サクラなど一部の樹種の若い樹皮にみられる点々は皮目と呼ばれ、呼吸などのガス交換をしているといわれているものです。

樹種ごとに異なる樹皮。それぞれ違った機能があるのだと思われる。

 サクラの木の幹がねじれているのはなぜ？

「らせん木理」と呼ばれるもので、幹の繊維の配列がらせん状になることでできる形です。サクラに限らず、様々な種類の樹木でみられます。ねじれる方向や角度は樹種や個体によって様々で、あまりねじれないものから激しくねじれるものもいます。

サクラは幹がねじれているものが多くみられる。

Q 木の枝ぶりはどうやって決まる?

　樹種によって元々なりやすい樹形が決まっていて、それに日当たりや風当たり、樹体の重さのバランス、食害などが影響して樹形が形作られます。たとえばマツやスギなど針葉樹の多くは普通に育つとクリスマスツリーのような円錐形になりますが、一番上の枝葉が食べられるとすぐ下の横枝が代わりに持ち上がり、盆栽のマツのような曲がった樹形になることもあります。隣に他の木の枝葉が伸びていると、そちら側の横枝が育たず、欠けた円錐形になることも多いです。

　他にもクスノキはこんもりした丸っこい形、ケヤキは竹ぼうきをひっくり返した形など、樹種や園芸品種によって、なりやすい樹形がある程度決まっています。

　また、日の当たる場所に枝を伸ばしたり、常に一定方向に風が吹いていると風上方向の枝は折れてなくなったり、枝が片方に偏ると反対側に枝を伸ばしたりと、様々な要因によって樹形が形作られます。

周りに木や物が無ければ竹ぼうきをひっくり返したような枝ぶりになるケヤキ（左）も、山に自生し、周りの環境の影響を大きく受けた個体（右）は全く違う枝ぶりをしている。

木には感情がある？

　人間と同じような喜怒哀楽といった感情は無いと思います。ただし、たとえば葉っぱを食べられたときに、食害などに反応して防御反応が起こるといったような、外からの刺激に対する反応はあります。

　また、他の個体が食害に反応して出す匂いを感知して、食べられていない個体も防御反応を起こすなど、まるでコミュニケーションを取っているような場合もあるようです。いずれにせよ、人間の想像するような感情とは違うかもしれません。

木の生死の境界線はどこ？

　植物は「体の一部だけが死ぬ」ということが普通に起こる生き物なので（枝が何本か枯れたが、幹はまだ生きている、のような感じ）、一概に境界線を引くのは難しいかもしれません。枝や葉っぱなどに存在する生きた細胞がすべて死んだ上、水分通導などの機能を果たさなくなったら、その一部分に関しては死んだといって良さそうです。

1つの個体が根っこや地下茎から芽を出して新たな幹をつくるような樹種もあり、そうした場合では、一つの幹が枯れても根っこや地下茎で繋がった他の幹は生きている、というようなこともあります。

　また、枝を土に挿しておくと根っこが出て、同じ遺伝子を持った新しい株になる（挿し木）ものもあるので、そうした方法で長い年月を生きているものもあります。

一部の枝は枯れているが、他の部分は生きている。

Q 木の寿命はどれくらい？

　樹種や個体、それを取り巻く環境条件、あるいはどこまでを1個体とするかなどによって大きく変わると思います。自然界で生きていくにあたって、樹種によって数十～数百年といった生態的な寿命はありますが、実際にはもっと長生きかもしれません。

　生態的な寿命というのは、たとえば明るい場所を好む木が、森の中で芽生えてから数十年すると暗い場所で成長する木に追い抜かれて、やがて枯死する、というような、自然界での実質的な寿命のようなものです。

この例の場合は、他の木が影をつくらないよう管理するなど、周囲の環境をその木が好むような状態に維持してあげると、もっと長く生きるかもしれません。

　植物は動物と違って細胞分裂の回数制限がなく（酵素により修復される）、寿命は無限だという考えもあります。大きさの限界や外的な要因などにより、実際にはどこかで枯れてしまうというものです。

　また、実際の寿命とは別に、栽培される花木や果樹では年月が経つと花数や結実数が少なくなることがあり、観賞価値や経済的価値の保てる耐用年数のようなものはあります。

　ちなみに、木の大きさや幹の太さから年齢を推定するのは基本的に難しいです。同じ樹齢の樹種でも、環境条件などにより大きさはかなり異なるためです。同じ種類の木が10年で3mくらいに育つこともあれば、10年たっても膝丈くらいの稚樹のような姿である場合もあります。

こんなに小さな木でも、長い年数生きている可能性がある。

Q 最も長生きな木は何歳くらい？

今までに年輪を数えて確認された長命な樹木では、アメリカの松の仲間での約4900年という例があります。また、アメリカのポプラの仲間では、根から芽吹いて広がった同じ遺伝子を持つ木（クローン）が43ヘクタールもの森林をつくり、その成長速度からそのクローンは8万年ほど前から存在していたと推定された例もあります。同じように根っこや地下茎などで繁殖して育つものでは、気づかれていないだけでもっと長い間同じクローンが生きているものもあるかもしれません。

Q 桜のソメイヨシノは 60年くらいが寿命というけど？

全国的に植えられる桜のソメイヨシノは、すべて接ぎ木などでつくった同じ遺伝子を持つクローン個体です。短命で50年から60年くらいが寿命といわれていますが、それは成長の早いソメイヨシノの多くがそれくらいで衰退し、花付きが悪くなったり、枯れ枝が出てきたりするという話で、そこで生物的な寿命を迎えて枯れるわけではありません。実際に、樹齢が100年を超えるソメイヨシノも存在します。

また、植えられる場所の多くが道路の植栽枡のようなあまり良くない環境のため、それくらいの年数で幹が腐るなどして倒れるリスクが高くなり、安全のため伐採されるといったこともあります。

Q いつまで経っても花が咲かない木がある。なぜ？

剪定によって花芽を切り落としている可能性があります。樹種によって花芽のできる時期には違いがありますが、特に春に花が咲く木では、夏から秋

に次の年の花芽をつくるものが多いです。そうした木の場合、冬に強剪定されると花芽ごと枝が切られてしまって、花が咲かない可能性があります。

他には、花が咲くほどのサイズに成長していない（樹種によっては最初の花が咲くまでに数十年かかるといわれるものもあります）、花を咲かせる栄養が足りない、実際には花が咲いているが、気づかれていないなどの理由が考えられます。

春に花が咲くものなどでは、夏の終わりには来年の花芽がつくられているものが多い。

第 2 章 木が自分を支える構造

第 2 章　木が自分を支える構造

「年輪の幅が広い方が南」は本当？

　今までに、サバイバルの本などでこんな記述を見たことがないでしょうか？「切り株を見て、年輪が幅広くなっている方が南」。実はこれ、俗説なんです。実際には、年輪が幅広くなっている箇所は南側に限りません。

　「南側の方が日当たりが良いため成長も良くなり、年輪幅が広くなる」と説明されることもありますが、実際はさらに南側に別の木が生えていると南側の日当たりが悪くなることもあるし、そもそも日当たりが良い部分だけよく太るということもありません。

　しかし、実際に切り株を観察すると確かに一方向だけ幅が広い年輪がみられることがあります。こうした年輪はどうしてできるのでしょうか？ 実はここに、木が自分の体を支えるための秘密が隠れています。

体を上に持ち上げて光を浴びたい。そんなとき、あて材が大活躍。

　年輪幅が広くなっている部分の多くは、「あて材」と呼ばれるものです。あて材は、木の幹や枝が傾いたときにそれを持ち上げるためにできるもので、幹を部分的に多く太らせることでつくられます。幹が多く太るために、年輪幅が広くなるということです。

　針葉樹では、傾きの下側を太らせて押し上げるように傾きを修正する「圧縮あて材」が、広葉樹では、傾きの上側を太らせて繊維の力で引っ張り上げるように傾きを修正する「引張あて材」がつくられます。

> ツゲやクチナシ、センリョウなど一部の広葉樹では、傾きの下側に圧縮あて材に似たつくりの材をつくるものもあります。

　これにより、上または下から幹を持ち上げて、倒れないよう正しい姿勢を保っているのです。切り株の一方向だけ年輪幅が広くなっていたら、針葉樹なら幅が広い方向に、広葉樹なら幅が広い方向の反対側に、幹がかつて傾いていたと考えられます。

> シダレザクラなどの枝が垂れる木は、あて材がうまく作れないことで枝が持ち上げられず垂れると考えられています。

　あて材は材質も普通の材とは違っていて、引張あて材なら引っ張るための繊維成分（セルロース）が豊富に、圧縮あて材なら、下からグッと押し上げるのに役立つリグニンという成分が多くなっています。切ってから時間の経

っていない切り株なら、引張あて材は光沢のある白色っぽく、圧縮あて材は茶色っぽく色づいていることが多いです。

赤丸部分に引張あて材ができていると思われる。

広葉樹のカナメモチの枝断面。茶色いが、状況的にこれも引張あて材かもしれない。

赤丸部分に圧縮あて材ができていると思われる。

　切り株を見なくても、あて材を観察できることがあります。たとえば針葉樹では、枝や幹の根元近くから上向きに曲がって、サーベルのようなカーブを描いているものがよくみられます。おそらく、カーブしているところの下側に圧縮あて材がつくられているはずです。

枝が若い頃に横に伸びたあと、徐々に枝が太く重くなってきた際に、倒れないよう圧縮あて材をつくって上向きに枝を押し上げ、姿勢を正した過程が想像できます。あて材は他の部分より多く幹が太るので、そこだけ樹皮が剥がれ、新鮮な赤っぽい樹皮が出てきているのがわかります。

丸で囲ったところに、圧縮あて材ができていると思われる。

あて材部は旺盛に幹がつくられるので、新鮮な樹皮が見えている。

広葉樹では、枝の途中に引張あて材ができているのをよく見かけます。太い枝が途中でグッと上に曲がっているところで、そのカーブを埋めるように太くなっているような形です。こちらは、横に長く伸びた枝が太く重くなるにつれ下に傾かないように、ロープで持ち上げるように引張あて材をつくって支えます。

丸で囲ったところに、引張あて材ができていると思われる。

ちなみに、あて材ではないけど年輪幅が広くなっているものもあります。広葉樹で枝が横に長く伸びると、枝の付け根の下側が太ることがあります。そのため、太枝が付け根から切られたときに年輪が圧縮あて材のように下側が広くなっていることがあるのですが、こちらは「保持材（support wood）」などと呼ばれるもので、あて材がつくれない状況などでみられるものです。

　これは枝が下に傾かないように下から支えますが、圧縮あて材のように持ち上げる力は無いようです。他にも、枝や幹が斜めに切られることなどで年輪幅が広くなって見えることがあります。こちらもあて材とは違うものなので注意が必要です。

広葉樹でも、太枝の付け根などに傾きを下から抑える材ができることがある。

　意識して木を観察すると、あて材ができていると思われる部分は樹体のあちこちで見つかります。それだけ、光合成でつくった栄養を大事に使い、無駄なく配分して大きな体を支えているのです。

幹が傾いたので、反対側に枝を伸ばしてバランスを取る。

　また、大きく傾いた幹がバランスを取るために反対側に枝を伸ばすこともあります。これはあて材とは違うものですが、反対側に枝や葉っぱをつくることで、重心がなるべく中心に来るように調整し、倒れないようにしているのだろうと思います。

　樹木は、その大きな重い体を保つために、しっかり体を支えなければいけません。万が一幹が倒れたり折れたりしてしまったら、葉っぱに光が当たらなくなって光合成できなくなり、枯れてしまうことだってあります。そのため、幹の必要なところを必要なだけ太らせて、効率よく体を支えるようにしているのです。

　森の中で樹木は何メートルにも何トンにもなるような体を伸ばして他の木と競争しています。他の木よりも高く幹を伸ばさないと光を得られないし、芽生えた場所によっては、幹を崖から真横に伸ばしてでも光を浴びなければ生きていけません。また、幹が倒れたり傾いたりしたら、それを上手に修正しないと枯れてしまいます。

　様々な種類の木がそうした動きを当たり前にしているので、南側の日当た

りが良いからといってそこばかり太らせるような無計画なことは、そうそうできないのではないでしょうか。

　樹木は、そうした競争社会を生き抜くために上手にバランスを取って生きています。木のどのあたりにあて材がつくられていそうか、どんな過程で傾きが修正されたのか、想像しながら観察してみてください。

第 2 章　木が自分を支える構造

なるべく倒れない ケガの治し方

　人間は、ケガをしたときどのように対処しますか？ ひざを擦りむいて血が出てしまったら、水洗いして絆創膏でも貼っておけば数日も経てば治りますよね。では、木が幹や枝にケガをしたらどのように対処するのでしょうか？ 実はそこにも、木が自分の体を支える秘密があります。

　樹木はふつう何十年も生きる長生きな生き物で、おまけに動物のように動くことができません。そのため、樹木は常にケガをする危険にさらされています。カミキリムシに幹をかじられたり、強風で枝や幹が折れたり、強い日差しで幹が日焼けしたり。幹に発生する胴枯れ病なども無視できません。山に生える木では、シカやクマに幹を剥がされることもあります。街中や公園の木では、剪定されたり根っこが人に踏まれたり、草刈り用の刈払い機の刃が幹に当たることも多いです。

　それぞれ挙げていくとキリがありませんが、その場から動けず逃げられな

い樹木には、周りの様々なものがケガの原因となり得ます。樹皮が傷ついたり剥がれたりすると、物理的に弱くなってしまい、そこから幹折れや枝折れに繋がったり、幹を腐らせる菌や病原菌の胞子が侵入するかもしれません。

マツが剪定された切り口を樹脂で塞いでいる様子。小さな傷口なら樹脂で塞ぐこともできる。

　樹皮が削れるくらいの浅いケガなら、樹皮の細胞が分裂して塞ぎ、深くても小さなケガであれば樹種によっては樹脂が出てきて塞ぐこともあります。しかし、剪定や枝折れ、形成層の壊死など、樹皮のさらに奥まで到達するような大きなケガを負った場合はどうすれば良いでしょうか。
　そんなときの治し方は概ね一つ。「幹をジワジワ再生して塞ぐ」という方法です。

> 樹種によっては、放射組織などの幹の生きた細胞が分裂して新しい樹皮をつくることもあるようです。また、菌の侵入を防ぐミクロな反応など、木の防御反応自体はいろいろありますが、ここでは枝や幹を物理的に損傷した場合のお話をします。

剪定で太枝を切られてしまった木。切り口の周りからジワジワと新しい幹が再生している。

幹を流れる水の速度が遅いとき、強い日が当たることで高温で樹皮の一部が壊死する「幹焼け」によるケガと思われる。傷口の端からジワジワと再生している。

　木の幹で主に細胞分裂しているのは、基本的には樹皮のすぐ下の「形成層」と呼ばれる部分です。幹が傷ついて樹皮の奥まで損傷すると、傷口の縁の形成層から新しい組織が少しずつつくられます。

　そうしてジワジワと新しい組織が増えていって、両端がくっつくとやがて一つになり、その後は元々傷など無かったかのような見た目になります。そうなると、それ以降菌は侵入できないし、物理的にも強くなるので一安心です。

　ちなみに、こうして再生する際には、傷口の左右両脇から再生することが多いです。風などで樹木が揺れた場合、傷口の両脇に強い力がかかり、弱点のようになってしまいます。その両脇から優先して再生することで、弱点部分を補強するのに役立っているようです。

| 光合成でつくった栄養の流れ（上から下に流れる）も関係しているかもしれません。

　しかし、大きな傷では塞ぐのに年単位の時間がかかるのが普通なので、その間に菌の侵入を防ぐことはできません。条件によってはそのまま幹が腐り、空洞になってしまうこともあります。

ジワジワ再生した幹がくっついた様子。傷があったことは外側からはわからないが、年輪を見ると塞いだ痕跡がある。

幹が空洞だと、傷口を縁取るように分厚い幹がつくられ、窓枠のようになる。

切り株を見ると、曲がった羊の角のような形になっている（上の写真とは別の木）。

　再生した組織は傷口の表面をジワジワと進んでいくので、幹が空洞になってしまうとジワジワ進むことができず、傷を塞ぐことは困難です。

　そうした場合は、傷を塞ぐのではなく、空洞の周りを補強することに注力します。傷の端から新しい組織をつくることには変わりありませんが、空洞

の内側に向かってグルグル巻き込むように新しい幹をつくっていくのです。

　こうすることによって、傷の外周を縁取るように分厚い幹が形作られます。これは、「窓枠材」または切り株の様子を羊の角に見立てて「ラムズホーン」などと呼ばれるものです。こうすることによって、完璧とはいかなくてもかなりの補強となります。

　　　動物たちが暮らす木のうろも、このようにしてできたものです。

縦に長い窓枠材ができていたが、折れてしまった木。補強をしても倒れてしまうことはある。

　小さいものでは数日で治る人間のケガと違って、樹木のケガは塞がるのに数年から十数年かかるのは当たり前で、うろになってずっと治らないものもあります。人間とは時間のスケールも感覚も全く違っていますが、こうしてコツコツ傷を塞いだり幹を補強していくことで、ただ菌の侵入を許して幹を腐らせるのではなく、枝が折れたり幹が倒れたりするのを防いでいるのです。

第2章 木が自分を支える構造

移動ができないので、自由自在に変形する

　植物は、一度根を張ったらそこから動くことはできません。地下茎を通じて遠くから芽吹くことで、移動したように見える場合もありますが、基本的に一度芽吹いた植物はそこを中心に成長していきます。

根の肥大成長によって押し出され、破壊されたコンクリート。

しかし、木の幹は基本的に光合成するとともに年々太っていきます。条件によって成長量の大小はあるものの、細胞分裂する形成層が活動している限り、多くの場合成長は止まりません。そんな中、肥大成長していた幹が他のものにぶつかってしまうことがあります。大きな岩や他の木、街中ではガードレールやフェンス、支柱など。ぶつかったものが強く固定されていなければ、そのまま肥大成長の力で押し出して終わりです。実際に、道路の舗装に使われているブロックが街路樹の成長に合わせて押し出され、破壊されていることは珍しくありません。

しかし、押し出せないほど頑丈で、強く固定されている場合はどうでしょうか？ 肥大成長の力で押し出すことができなくても、木の幹は年々成長していきます。木の幹と邪魔なもので押し合い勝負をし続けるしかないのでしょうか？

柵を飲み込むように育った木。

木は肥大成長の力で押し出せないものにぶつかったとき、それらのものを飲み込むように成長します。街中では、植えられた街路樹がガードレールや

支柱を飲み込むように成長している様子がしばしばみられます。最初はぶつかったところから周囲に広がるように幹が成長していきますが、やがてガードレールや支柱を乗り越え、幹同士が合体することで飲み込んでしまうのです。

> まるで木が意思を持って飲み込んでいるようにも見えますが、ぶつかったものによって幹が圧迫されることにより、師部を通って上から降りてくる栄養がせき止められ、その部分だけ肥大成長が進んでしまうという状況もあるのだろうと思います。

街路樹が柵を飲み込んでしまったので、木ではなく柵の方を切った様子。

　完全に飲み込まれてしまうと、取り外すためには丁寧に木を切らなければならず、かなり手間がかかります。写真のものは、街路樹のモミジバスズカケノキが柵を飲み込んでしまったため、木を切って取り外すのではなく柵の方を切ることを選んだようです。

フェンスをそのまま通過するように育った木。

フェンスを完全に飲み込んでいる箇所もあるが、まだフェンスが食い込むようになって飲み込めていない部分もある。

こちらは、フェンスを飲み込むように成長した木。まるでフェンスを通り抜けたと思えてしまいそうなほど、自然に成長しています。近寄って見ると、

完全に飲み込んだ部分とまだ飲み込みきれていない部分があって、どんな過程で飲み込んでいったのか想像できます。

幹の肥大成長に飲み込まれた軍手。

木の種名板が、ジワジワ飲み込まれようとしている。

　地面に固定された構造物でなくても、たとえば木をナンバリングするためにホチキスでつけられたタグや、木に巻きつけられたワイヤーなどが飲み込まれてしまうことも少なくありません。僕が見かけた中で変わったものでは、太い2本の幹に挟まれた軍手が飲み込まれてしまっていたこともありました。この後さらに幹が成長し、やがて完全に飲み込まれると、これらを飲み込んだ痕跡(こんせき)は成長とともにわからなくなってしまいます。そうなると、伐採されるまで、もしくは伐採されても飲み込んでいることに気づかれないままかもしれません。

　森の中や都市部の緑地などでは、隣り合った木の幹が太っていくうちにぶつかってしまうことがしばしばあります。そうした場合、同種や近い種類の木では飲み込むうちにお互いの幹が癒合(ゆごう)し、一つの木になってしまいます（p.102｜年輪から読み解く木の一生」でも解説）。同じ種類の大きい木と小さい木が並んでいれば、小さい木が取り込まれて癒合し、幹の一部のようになってしまうこともあるでしょう。

しかし、別の種類の木同士がぶつかった場合、お互いがお互いを飲み込むように成長していきます。片方が負けて完全に飲み込まれてしまった場合、幹の形成層が押しつぶされて枯れてしまいます。

隣り合ったアカマツとエノキが互いに押し合っている様子。

大きさなどの条件によっては、片方が飲み込まれてしまうこともある。

自分の枝同士が合体してしまったヤブツバキ。完全に癒合している。

木の幹は決まった形で成長するのではなく、状況に応じて自由に変化して成長します。他のものを取り込んで成長する様子は、まるで液体のように見えることも多いです。木からしてみれば、自分の体が支えられてしっかり成長できているなら変な形になっても特に問題はないのでしょう。こうした木は、成長に邪魔なものの多い街中でよくみられます。木と邪魔物との戦いの様子をぜひ探してみてください。

第2章 木が自分を支える構造

2 木が自分を支える構造

倒れないように、根っこを板にする

　木は、根っこを地中深くに伸ばすことによって自分の体を支えています。水や養分を吸い上げる役割もありますが、倒れないようしっかり踏ん張るのも重要な役割です。実際に、風などの刺激に対応して根っこを太らせたり伸ばしたりすることもあります。樹種や環境によっては、6m以上の深さに根っこを伸ばしていることもあるようです。

　では、根っこが地中深くに伸ばせない場合はどのように体を支えれば良いでしょうか？

　写真は、沖縄など南西諸島に分布するサキシマスオウノキです。根元部分が板のように張り出しているのがわかるでしょうか。

　これは「板根(ばんこん)」と呼ばれる構造で、根っこの上や下が板のように広がることで、地中に根っこを張れなくても倒れづらくするというものです。板根は土壌が浅い熱帯雨林などに多くみられるものです。地中に深く根っこを伸ばすのが難しい状況で、地上の根っこを板状に発達させることで、体を支えることができます。また、根元全体を太く大きくするのではなく、板状に伸ばすことで最低限の材料で体を支えられています。

板根のところどころから、アンカーを打ち込むように真下に根っこが伸びている。

実際に、写真のサキシマスオウノキは少し傾いて根っこが浮き上がっていますが、おそらくは板根のおかげで完全には倒れることなくしっかり踏ん張っているようです。

> サキシマスオウノキが生えるのは南西諸島で海沿いにみられるマングローブ林の近くです。地下には海水が満ちているため、地中に根っこを伸ばしたままではいずれ根腐れしてしまいます。そのため、こうした環境で板根をつくる種類は、水上に伸びた板根によって酸素を取り込む役割もあると考えられています。

沖縄の森では、イヌビワの仲間など板根をつくる木をよく観察できる。

　亜熱帯地域である沖縄の森を歩くと、サキシマスオウノキ以外にも様々な木で板根を見ることができます。

　このような木の姿を見ると、「熱帯の木ってすごい！」と思ってしまいますが、一部の樹種では本土でも板根を観察することができます。特に多くみられるのがムクノキやスダジイで、いずれも関東から西の森に多い樹種です。

ムクノキの根元部分。板根をつくっている様子がよくみられる。

ムクノキの切り株（左の写真とは別の木です）。板根がよく発達していてまるでハリボテのよう。

　ムクノキは大きくなると多くの木が板根状になり、立派な根元部分の張り出しを観察することができます。土壌の浅い山の尾根沿いや酸素の無い湿地帯のそばではなく、根っこが深く張れそうな雑木林などによく生えていることが多いですが、それでも相変わらず立派な板根を広げているのが少し不思議なところです。

　かなり板根をあてにして自分の体を支えているのか、ムクノキの切り株を見るとまるでハリボテだったかのように板根だけが残っているのが観察できます。

スダジイは条件によっては板根をつくることがある。

スダジイは、比較的暖かい地域に多いどんぐりの木です。スダジイはムクノキのようにいつでも板根というわけではなく、普通の根張りをしているものもよくみられます。尾根沿いの岩の上に生えている場合など根っこを地中に伸ばしづらい環境では、板根を発達させて体を支えている様子がよくみられます。

第2章 木が自分を支える構造

体を食べ尽くされても、至って健康なワケ

　写真の木は、とある場所で見つけたケヤキです。驚いたことに、幹のほとんどが空洞になり、ほとんど樹皮だけのスカスカの状態で立っています。しかし、上の方ではしっかり枝葉を広げていて、枯れているわけではない様子。どうしてこんな状態でも生きていられるのでしょうか？これには、木の幹のつくりが大きく関係しています。

　まず中身がスカスカになってしまった原因から説明すると、これはキノコが幹を腐らせたことによるものです。枝の剪定など

でできた傷からキノコの胞子が侵入し、キノコが成長するにつれ、幹の内部を腐らせて（食べて自分の栄養にして）しまいます。腐朽<ruby>（ふきゅう）</ruby>が進むと幹が徐々にスカスカになり、やがて空洞になる、という流れです。

すごい見た目ですが、木自身は普通に生きています。実は、キノコが腐らせた幹の中身は、多くが元々死んでいる部分なのです。木の幹は、樹皮のすぐ下に細胞分裂する箇所（形成層）があり、成長するにつれて付け足されていくような成長をします（詳しくは冒頭のページを参照）。つまり幹の内側に行くほど古い年代にできた部分となるわけですが、できてから何年か経った古い部分は心材と呼ばれ、細胞が全て死んでいて、水も通していません。

水を吸い上げるだけでなく、生きた細胞があり、外敵から防御したり栄養を貯めたりできるのは、できてからまだ年月の経っていない新しい部分（辺材と呼ばれます）だけです。

> 辺材でも、導管や仮導管など大部分は中身が空洞になって死んだ細胞です。生きた細胞は外敵からの防御や栄養の貯蔵などをする柔細胞という一部の細胞（放射組織など）のみです。年月が経って古くなると柔細胞は死に、導管や仮導管は水を通さなくなり、心材になります（水を含むことはあります）。

これらの部分が何年くらい機能するかは樹種によって異なりますが、一番外側の年輪が大部分の水を運んでいる場合も多く、多くの樹種では外側の年輪数本分の幹が機能していれば、そこから内側の幹は全て腐っていても生きていくには問題ありません。キノコが腐らせた部分は、多くが腐っても問題ない幹の中心部だったので、このケヤキの木も問題なく生きていたというわけです。

> 空洞があらわになっているのは、傷口から幹の生きた部分（辺材）を攻撃できる菌が入るなどして、部分的に枯れてしまったためかもしれません。

中心部の茶色く色づいた部分（心材）は基本的に死んでいる。樹種によっては色がわかりづらいこともある。

　幹の中心部（心材）を腐らせるキノコは、一部の種類を除いて基本的に中心部のみを腐らせるといわれています。枯れ枝や枯れ木を土に還すのと同じように、死んだ部分を腐らせ、生きた細胞や水を通している部分には基本的に干渉しません。

> キノコの種類によっては、心材だけでなく辺材まで腐らせるものなどもあります。

　生きている辺材の部分は、根っこから吸い上げた水で満ちており、抗菌物質などにより侵入者に対する防御も行なうため、菌はそう簡単に攻撃することはできません。一方で、既に死んでいる心材の部分にはふつう水が通っていないし、何も抵抗することができないため、木自体は生きていてもジワジワと腐っていってしまいます。

> 心材の部分は死んでいますが、抗菌物質が蓄積しているため、腐ること自体には長い時間がかかります。逆に、木自体が死んで水を通さなくなると、抗菌物質の蓄積が無い辺材から先に腐っていきます。

　そのため、いくら中身が腐っていても木自体は至って健康ということも多く、写真のような「スカスカでも生きている木」というものが成立するわけです。

幹の中身がすっかり空洞になっている木。伐採して初めて腐朽に気づく場合もある。

　冒頭の写真ほど空洞になったものはなかなかみられませんが、幹の中身が腐ること自体は多くの樹木で起こっています。写真の木のように空洞があらわになっていないだけで、健康そうに見える木でも切ってみると根元に空洞ができていたり、腐ってボロボロになっていたりすることは多いです。

　もちろん、中身が腐っているのとそうでないのとでは、生きていくのに問題なくても幹の強度に大きな違いがあります。キノコが腐らせる幹の中身（心材）は、木の大きな体を支えるのに役立っているため、それが腐って空洞になった場合の倒れるリスクは大きいです。

　特に、街中の木では植え替え作業や人による踏みつけなどにより根っこに傷ができやすく、幹の根元近くを腐らせるキノコ

幹の中身が腐って強度が弱まり、倒れてしまった木。

がよく発生し、健康な木が根元からいきなり倒れるということもあります。
当然、そうして倒れた木は多くの場合枯れてしまいます。

> キノコの種類によって腐らせる部位が異なり、既に死んだ幹の中心部（心材）を
> 腐らせるものと、比較的新しい部分（辺材）を攻撃して腐らせることができるも
> の、根元部分の心材を腐らせるものなどがあります。生きた木に発生するのは、
> 心材を腐らせるものが多いです。

　また、安全管理の面からそうした木は専門的な診断の後伐採されてしまう
ことが多いです。そのような事情があるので、身近な場所で幹が空洞になっ
ている木を見つけるのは意外と難しいのですが、庭園などに植えられる背の
低い木などではかなりスカスカなものもみられることがあります。

第3章 木の姿から読みとれること

第 3 章　木の姿から読みとれること

木の声なき声を
聞きとる

　突然ですが、こちらの木は今、どれくらい元気だと思いますか？ パッと見の印象で「ちょっと元気がなさそう」「むしろちょっと調子良い感じ？」と予想ができるかもしれません。
　普段庭木のお世話をしていたり、木に関わる仕事をしている方なら知識や経験からわかったりすることも多いでしょう。しかし、この木がどれくらい

元気か、どんな状態なのかを正確に見極めるのはなかなか難しいです。

何しろ、木の体と人の体のつくりは全く違いますし、木は自分の体調を言葉で私たちに訴えてはくれません。何が悪いのかわからないうちにみるみる枯れてしまったり、よかれと思ってやったことが木を枯らしたりすることだってあります。

> 僕も家でたくさんの植物を育てていますが、枯らしてしまうことはしばしばあります。枯れてしまった原因が推測できることも多いですが、なんで枯れたのかさっぱりわからないことも時々あります。

しかし、木をよく観察してみると、木は健康のバロメーターとなる様々なサインを出していることがあります。それらが何を意味するのか、そのサインは多いのか少ないのかを見極められるようになれば、木の声なき声を聞くことができるはずです。

ちなみに僕はこの木を観察して、こんなサインが出ているのを見つけました（見つけられる人は、もっと見つけられるだろうと思います）。

徒長したような枝が多い　剪定しすぎか頻繁に枝が枯れている？

日当たりが良いのに落葉している　水分不足？

3　木の姿から読みとれること

先に断っておくと、これは僕が「木の健康を診るためにはここを見ろ！」と指南をするわけではありません。木を観察して、木が出しているサインを読みとれるようになれば、身近な木を見る目も変わってきます。そうしたサインがわかってくると、庭木や公園の木を見るのが楽しくなるので、一緒に観察しませんか？　というお誘いです。

全体を見る

まず、木の全体を見てみましょう。葉っぱの枚数は多いですか？　枝の密度はどうでしょう？　基本的には、枝葉はたくさん茂っている方が元気です。植物は葉っぱで光を受けることで光合成をしているので、健康な葉っぱがたくさんついていればいるほどたくさんの栄養をつくれることになります。

理想は、全方向からしっかり適度な光が当たり、枝葉をよく伸ばせている状態です。そうでなくても、適度な光が当たって濃い色の葉っぱが生い茂っていれば健康であることが多いです。

> 枝が一箇所から密に出るてんぐ巣病など、必ずしも健康ではない場合もあります。また、強く剪定された後も、それを補うために密に枝葉が茂る場合があります（後述）。

どの方向からも光が当たる、理想的な状態。

剪定された直後でもないのに葉っぱがスカスカで、下に立って上を見上げたとき空がしっかり見えてしまうようだと、ちょっと元気がないかもしれません。また、乾燥などで水が足りていない場合は普段より葉っぱが小さくなりがちです。

> ただし、水が足りている木でも日向の葉っぱと日陰の葉っぱでは、日向の葉っぱの方が小さくなります。また、高い位置にある枝葉ほど水を吸い上げることが難しく、葉っぱは小さくなる傾向にあります。

同じ箇所で何度も剪定すると、剪定こぶができる。

街路樹などでは、太い枝の先にこぶができて、その先から細かい枝がたくさん出ているという樹形になるものも見かけます。これは「剪定こぶ」といって、同じ箇所で何度も剪定されたことによってできるこぶです。木の大きさを維持するために、毎年同じ箇所で切られるとこのような形になります。こぶの有無で木の健康を判断するのは難しいですが、太い枝や幹をぶつ切りにするような剪定がされている場合は、木の健康にとってあまりよくありません。

> 剪定こぶには外敵に対抗する物質が多く含まれているため、こぶは切らない方が良いとされています。

　全体的な葉っぱの色はどうでしょうか？ 葉っぱの色は樹種により様々ですが、基本的にはその樹種の標準的な状態と比べて、薄い緑色よりも濃い緑色の方が元気なことが多いです。

　葉っぱの色、枝葉の茂り方などは、同じ種類の木をたくさん見ているとだんだん目が鍛えられてきて、「この木は明らかに元気そうだな」とか「昔見たあの木は元気がなかったんだろうな」などというのがわかってくると思います。

葉っぱを見る

　ちょっと近寄って、葉っぱをよく見てみましょう。葉っぱは、多くの木にとって「取替可能なパーツ」なので、葉っぱが多少傷んでいても木にとって大したダメージではない場合もあります。特に落葉樹では春に芽吹いた葉っぱを冬にすべて捨ててしまうので、同じ葉っぱを数年単位で使う常緑樹に比べて、多少葉っぱが痛んでいるくらいではダメージが少ないことが多いです。病気がたくさん発生した場合、秋を待たずにさっさと落葉させてしまうこともあります。

　もちろん、いくら取替可能といっても被害が無いに越したことはありませ

62

ん。被害の程度にもよるので、落葉する前に大半の葉っぱを失うような事になると成長が遅くなったり枯れたりすることもあります。また、ひこばえや胴吹き(p.70参照)を出さないマツ類では、大半の葉っぱを失うと致命的です。

　他に比べて変化がわかりやすい部位でもあるので、葉っぱの状態はよく見ておきましょう。

日当たりが強すぎたために黄色くなってしまったと思われるシラカシの葉っぱ。

白くかすれた葉っぱ。左はグンバイムシの仲間、右はヨコバイの仲間によって汁を吸われたもの。

　個々の葉っぱの色を見てみましょう。少し前に紹介したように、基本的に色は濃いほうが良いです。一概にはいえませんが、黄色っぽくなっていたら

当たる光が強すぎたり、病害虫が発生していたり、土の養分のどれかが足りていなかったりするかもしれません。

> 土の養分が足りないというのは、鉢植えの植物などでは時々見ますが、地面に植えられていて、なおかつよく植えられている種類の木ではそんなに多くないと思います。

　白く細かい点を打ったようにかすれている場合は、葉っぱの汁を吸われているかもしれません。よく見るのはグンバイムシやハダニ、ヨコバイの仲間などです。めくって裏側を見ると、犯人の虫や抜け殻、フンなどがついている場合があります。

クヌギにできた虫こぶ。タマバチの仲間のしわざ。　　ヌルデにできた虫こぶ。フシダニの仲間のしわざ。

　葉っぱにコブのようなものができていませんか？ 多くは「虫こぶ」というもので、虫が葉っぱを作り替えて自分のすみかにしているものです。小さなハエやハチ、ガ、アブラムシ、フシダニなど様々な虫が虫こぶをつくります。

> 虫こぶほど多くは見かけませんが、菌がつくる「菌こぶ」もあります。

シラカシに発生したカシ類紫かび病。

カキノキに発生した円星落葉病。

アオキに発生した炭疽病。

エノキ裏うどんこ病。いずれもカビによる病気。

　葉っぱに斑点ができていたら、カビによる病気かもしれません。種類が多すぎるので細かくは紹介できませんが、p.190「木を食べる色々な生き物たち」で紹介しているような、葉っぱが白く粉を吹いたようになるうどんこ病や、その他カビによる斑点のできる病気など、葉っぱには様々な病気が発生している様子がみられます。

　いずれも、発生が多すぎると木の元気がなくなったり、早いうちに落葉したりすることがありますが、木の健康を大きく損なうことは少ないです。

サンゴジュハムシによる虫食い。ハムシの仲間は小さな穴をたくさん空けがち。

おそらくリンゴカミキリ成虫の食べ痕。小さなカミキリムシは葉っぱの葉脈をかじりがち。

　虫食いの葉っぱも、よく見ると色々なかじられ方をしています。フチからかじられたり、真ん中だけ食べたり、表面だけ削るように食べたり、葉脈を避けて食べたりと様々です。特徴的なかじられ方であれば、虫の種類を推測することもできます。葉脈だけ残して大量に葉っぱを食べていたらハバチの幼虫、表面だけかじっていたらイラガ類の若齢幼虫のような小さな虫など、裏面の葉脈だけをかじるのは小さめのカミキリムシかも、といったように、断定はできませんが慣れてくると犯人が推測できて面白いです。

夏の強い光や乾燥の影響で葉先から枯れたかもしれないツツジ。

また、葉先から枯れてきていたら、夏に強すぎる日光を浴びたか、暑さによる水分不足で乾燥などしてしまっているかもしれません。原因はそれだけではないかもしれませんが、特に葉の薄い落葉樹や、本来は山に生える木が低地に植えられている場合などで、真夏にこうした枯れ方をする様子がよくみられます。

枝を見る

　葉っぱがついている枝も見てみましょう。枯れ枝はありませんか？　下の方の日陰になっている枝が枯れるのは、光合成があまりできない枝から栄養を回収して別に回しているので、自然なことです。

クスノキの幹下部。木は健康だが、光の当たらない場所の枝は枯れている。

光が当たる場所なのに枝が枯れてしまっている。

枯れた枝を分解して育ったキノコがびっしりついていることもある。

　しかし、光がしっかり当たるはずの上の方にある枝が枯れている場合、あまり良くない状態かもしれません。光が十分当たる枝は木にとって「光合成で栄養をつくれる、稼げる枝」なので、そうした枝を木が自ら枯らすことはふつうありません。

　その枝が風や乾燥などのダメージを受けているか、根っこが弱ったことで水を吸い上げられず、根っこと繋がっている枝が一緒に枯れてしまっているなどの原因が考えられます。また、長期間水が不足するようになると、上の方の枝から徐々に枯れてくることが多いです。

葉っぱがついたまま枯れたイロハモミジの枝。暑さによる乾燥で枯れたと思われる。

クヌギやコナラなどでは、枝が生きていても枯れ葉がついたままのこともある。

葉っぱが枝についたまましおれて枯れている場合、その枝は急速に枯れてしまったのかもしれません。枝が徐々に弱って枯れる場合は、葉っぱから養分を回収して落葉してから枯れていきます。枝葉が枯れているのに葉っぱは枝にしっかりくっついている場合、養分を回収する間もなく枯れた可能性が高いです。

　何らかの原因で枝と幹（あるいは根）との接続が急に断たれた可能性があり、枝や幹、根っこの状態、気候などが関係しているかもしれません。

> クヌギやコナラなどでは、健康でも冬に枯れた葉っぱが枝に残ることが多いです。しかし、落葉期に残っている葉っぱより、急速に枯れた枝の葉っぱの方が強くしおれるように思います。枝が生きている場合、曲げてみてパキッと折れずしなることで枯れているかどうかある程度判別できます。

剪定されて葉っぱを失うことが多いと、このような芽吹き方の枝が多くなる。

切られた箇所のすぐそばから芽吹いた枝が伸びている。

剪定後に徒長枝がたくさん伸びている様子。

枝の出方も重要です。枝や幹の途中から、たくさんの枝が一斉に伸びていませんか？　これは「ひこばえ」「胴吹き枝」などと呼ばれるもので、剪定などで葉っぱをたくさん失うと、それを補うように出てくるものです。枝が切られると、その付け根側の枝や幹にある休眠芽が動き出し、芽生えてきます。

つまり、剪定や枝折れなどで葉っぱが失われ、それを補填しようとしている可能性があるということです。「やばい！葉っぱが足りない！」という状態です。生垣などでは、まっすぐ上方向に勢いよく伸びる枝（徒長枝と呼ばれます）がたくさん伸びている様子もよくみられます。

ただし、こうした枝が芽吹くのにも相応のエネルギーが必要なので、逆にいえばこれらの枝が出せているということはまだ余力はあるのかもしれません。

> 樹種によっては元気そうなのにひこばえをたくさん出すものや、逆にピンチでも全く出さないものもあります。また、樹種によっては休眠芽ではなく不定芽といって根っこなどから芽をつくって出せるものもあります。

幹を見る

幹も見てみましょう。幹にはあまりわかりやすいサインが出ないことが多いですが、重大なサインが隠されていることがあります。

幹の途中から生えたサルノコシカケの仲間。幹の中身が食べられている。

幹の途中や根元付近から、直接キノコが生えていないでしょうか？ もし大きなキノコが出ていたら、幹の中身がスカスカになっているかもしれません。幹から生えるキノコの多くは、枯れ枝や幹内部を食べて育ったものです。キノコの本体は菌糸というとても細い糸のような姿で、キノコ自体は菌が胞子を撒くための器官としてつくられます。そのため、キノコが出ているということは幹の中身や枯れ枝などを一定以上食べてしまい、その後繁殖しようとして出てきているということになります。

> キノコの種類によって幹の中身を食べる力や食べる部位は異なるので、必ずしもキノコが出ている＝幹の中身がスカスカというわけではありません。

庭の木など叩いてもよい木だったら、試しに木槌などでキノコの周りを叩いてみてください。幹の内部がスカスカになっていたら、他の部分と比べて叩いたとき低くくぐもった音が出るようになります。逆に、まだスカスカになっていない健全な部位なら、比較的高くハッキリした音がします。

> 強く叩きすぎると幹の形成層を潰してしまうことがあるので、ドアをノックするくらい軽く叩くのがおすすめです。また、樹種や腐朽の度合いなどにより聞き分けるのが難しい場合や、キノコから離れた場所が腐っている場合もあります。

ただ、p.52「体を食べ尽くされても、至って健康なワケ」などでも説明していますが、幹の中心部（心材）を食べるキノコは、多くの場合木の死んだ部分を食べているだけなので、木を弱らせることはありません。

幹にコケや地衣類は生えていますか？ コケや地衣類は「栄養を取ってしまう」「地衣類が幹を一周すると木が枯れる」などといわれ、ときには高圧洗浄機などで除去されてしまうこともありますが、コケや地衣類はただくっついているだけなので、基本的に木の健康を害することはありません。逆に、ウメノキゴケなどの地衣類は大気汚染に敏感といわれるので、生えていたら空気が汚くない証拠といえるかもしれません。

ふつう成長とともに樹皮が剥がれるのに、コケや地衣類に覆われてしまったケヤキ。湿度が高いわけではないので幹が太れていないのかも？コケや地衣類自体が害を与えることはない。

しかし、コケも地衣類も広がるのにはそれなりの年月がかかります。ケヤキのような、成長とともに樹皮が剥がれるタイプの木にコケや地衣類がたくさん生えていたら、幹があまり太っていない（長年樹皮が成長によって剥がれていない）サインかもしれません。

> 樹皮がどれくらい剥がれるかは、日当たりなどによっても変わります。日当たりが良い方が樹皮がよく育ち、剥がれやすいです。また、湿度の高い環境では木が健康でもコケや地衣類がついていることもあります。

ケアリの仲間によってつくられた蟻道。木の幹のすでに腐った部分を掘って巣をつくる。

木の幹の中に、アリが巣をつくっていることがあります。よく見るのがトビイロケアリなどのケアリの仲間で、幹の表面などに土や木くずなどでできた「蟻道」と呼ばれるトンネルをつくるのが特徴です。
　これらのアリは幹や枝の腐った部分などを利用して巣をつくっていますが、アリ自体が健全な幹をかじったりすることはないといわれているので、こちらも基本的に害を与えることはありません。

> アリとシロアリは全く別の仲間で、アリはハチに近い仲間、シロアリはゴキブリに近い仲間です。シロアリは幹の腐っていない部分も食害します。

サクラの幹から出た樹脂。虫のフンも入っている。おそらくコスカシバというガの幼虫の侵入によるもの。

　幹から樹脂のようなものが出ていませんか？　いずれも幹の中に虫が侵入したり、幹が傷ついたりした痕跡です。ベタベタするヤニのようなものや、琥珀のように固くなったもの、ゼリー状のものは樹脂（広葉樹だとガム質やゴム質、ゲルともいわれます）で、カミキリムシなどの虫が外から幹を傷つけて侵入した場合などによくみられます。

> 樹脂は樹種によって出すものと出さないものがあります。針葉樹には出す種類が多いです。

侵入した穴から木くずが出ている場合もあり、これはカミキリムシなどの虫が樹皮内に侵入し、木を掘り進んでいる証拠です。幹を掘り進んだ後、フンや食べかすを排出します。また、幹に丸や楕円形の穴がぽっかり空いている場合、それらの虫が幹の中で成長し、脱出した痕かもしれません。

> 虫の種類などによっては木の幹を掘り進むものの、木くずを排出しない場合もあります。

ヤマモモこぶ病と思われるもの。細菌による病気。

マツこぶ病と思われるこぶ。これは菌によってできる。

幹に大きなコブができていることもあります。これの原因は様々で、菌や細菌が原因となってできるものが多いです。身近にみられるものではヤマモモの幹に細かいコブができる「ヤマモモこぶ病」や、マツの幹に菌による大きなこぶができる「マツこぶ病」などがあります。

根元部分が膨らんでいる木。この木は中が腐って強度が弱くなっていた。

また、こぶのようになっていなくても、幹の一部だけ不自然に膨れていることがあります。この膨らみの中は、腐って空洞になっているかもしれません。幹の中身は菌によって食べられて空洞になる場合がありますが、それにより幹の強度が弱まると、それを補うために一部だけ幹が太る場合があります。

> 中身が空洞になっていても幹が太らず、外側からでは空洞があることがわからないことも多いです。

コケの生えた樹皮が盛り上がって裂け、中から新しい樹皮ができている。

中に亀裂があると、それを補うように部分的に幹が太ることがある。

亀裂がなくても、成長の仕方によっては樹皮が筋状に裂けて新しい樹皮が出てくることがある。

　他にも、樹皮が縦に裂け、中から新しい樹皮が出てきていることはないでしょうか？　これは幹の一部だけ旺盛に成長するとできるものです。一部だけ幹が太るということは、その部分を補強しようとしているかもしれません。幹の内部に亀裂が入っていた場合、そこを補強するために亀裂の両端が太っていくことがあります。写真の木も、幹の中に亀裂があり、それを補強しようとしているようでした。

　樹皮の表面から中の木部まで割れたように裂けていることもありますが、これは強風による負荷、幹の水分の凍結、落雷などの原因が考えられます。

太枝の真ん中に亀裂が入ったもの。強風によるもの？

幹焼けにより幹の一部が枯れた可能性があるサルスベリ。

幹の樹皮が剥がれ、周囲から新たな幹が伸びて塞ごうとしていることもあります。山地ではシカやクマによる樹皮剥ぎがみられることがありますが、街中の木では「幹焼け（樹皮焼け、皮焼け、日焼けとも）」という現象がみられることが多いです。

　剪定などで葉が少なくなると水を吸い上げる力が弱まり、幹を水が通る速度が遅くなります。そこに強い日差しが当たることで温度が上がり、幹の一部が枯れてしまうという現象です。

| 幹の一部が枯れるのには、他にも菌による胴枯れ病などの原因も考えられます。

根を見る

　幹を見たら、せっかくなので根っこまで見てみましょう。とはいえ根っこを掘り出して状態を確認するわけにもいかないので、地上部から見えるところだけです。

根っこの張り出しが無く、電信柱のように寸胴になっている木。深植えになっている可能性がある。

幹の根元はスカートのように広がり、根っこの張り出しが見えていますか？　地面から一本の幹が伸びるタイプの木の場合、普通に育つと成長に応じて根っこの張り出しが目立ってきます。しかし、公園の木や街路樹では根っこの張り出しがみられない、電柱のような寸胴の木が少なくありません。これは植え付ける際にちょっと深めに植えられている可能性があります。根っこの張り出しにさらに土を被せて、幹の途中の部分から地上に出ているイメージです。こうなると元々あった根っこには酸素が行き届かず、木が弱ってしまう場合があります。

　逆に、土の表面に根っこがたくさん出てきている場合もあります。山の登山道などでは人が歩いてむき出しになった土が流れることにより根っこが露出することもありますが、公園の木や街路樹で根っこが地表にたくさん出ている場合、地面が硬くて根っこがあまり地中に潜れていないのかもしれません。根っこが深く潜れず、浅い部分で成長して太くなることで、このような状態になります。土の踏み固めにより弱ってしまう木も多いです。

土が踏み固められる場所では、地中に伸びられなかった根が地表に根が出てくる。

ざっと紹介してみましたが、木の見た目からこれだけわかるところがあります。物いわぬ木でも、よく見るとちゃんとサインを発しているものです。

　しかし、実際に観察してみるとここで紹介したものに当てはまらないものや、よくわからないものが出てくることも往々にしてあります。また、「典型的なものより元気か否か」というのは典型的なものをいくつも見ないと判断できません。僕も、どういう現象なのかよくわからないものや、何となくわかっているけど深掘りした質問をされると答えに窮してしまうようなことがいくつもあります。

　ぜひ、「これは何だろうか」「これが原因じゃないか」と想像しながら楽しんでみてください。あれこれ考えながら観察していけば、いつか答えがわかるかもしれません。

> 実際に木を診断する場合、樹種ごとの特性を考慮した上で、紹介したような観察ポイントをチェックしつつ、工事の履歴や気候などの要因も考えながら判断していきます。例外はいくらでも出てきますし、紹介しきれなかったこともあるので、ここに書いてあることが全てではないことはご承知おきください。

3
木の姿から
読みとれること

第3章 木の姿から読みとれること

どうしてこんな姿になった？

　木を観察していると、変わった形の木がよく見つかりますよね。一見すると何がどうなっているのかわからないことが多いですが、その成り立ちを想像してみると、どのようにしてできたのか読み解けることがあります。ここでは、僕が見つけた変な木と、その成り立ちを推測したものをご紹介します。

　一応ことわっておくと、あくまで推測なので、僕の推測が必ずしもあっているとは限りません。実際に確かめるには、木を細かく切って年輪を観察したり、タイムマシンを使って過去に戻って観察したりする必要があります。間違っていたり、他の可能性が考えられたりすることも往々にしてありますので、ご承知おきください。

　まずはこの木。広い公園で見つけたスダジイの木です。幹が折れ曲がり、真ん中には穴ができて取っ手のようになっています。穴を覗くと、樹皮は穴の内側までついていて裂けたような痕はありません。反対側に回ると、幹に裂け目があります。さて、どうしてこんな姿になったのでしょうか。ちょっと手を止めて、想像してみてください。

　健全に育っている木が、幹にこのような穴を自ら開けることはまずありません。高木になるスダジイの場合、ふつうは一本の幹が上に伸びて、それが徐々に年輪をつくりながら太っていくように成長します。この穴は、何らかの外的な要因によってこうなったと考えるのが妥当でしょう。

3　木の姿から読みとれること

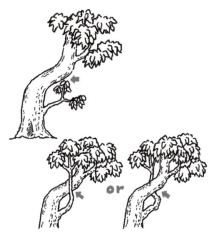

2本の枝が交差して合体した場合、このような形になるはず。

可能性として、「根元から伸びた2本の幹が交差して合体した」ということが考えられるかもしれません。同じ種類の木の幹が隣り合っていると、年月の経過とともに幹が太っていくうちに、徐々に一つの幹に合体することがあります。

　しかし、そうなるには何年もの間、それぞれの幹がぴったりくっついたまま成長しなければいけません。この木がそうやってできたとすると、一本のカーブした太い幹があるところに、細い幹が下から伸びてきてぶつかり、何年もその状態を保ったことになります。

　p.139「枝がその方向に伸びている意味」でも紹介していますが、木の枝は光のある方向へよく伸びていきます。元々他の幹があるところに、わざわざぶつかりにいくように成長して、何年もそのままの状態でいることがあるでしょうか。

　太い幹を避けて追い越すように上に伸びていき、そのまま合体する、という状態ならあり得るかもしれませんが、写真を見る限り太い幹をいずれかの面から避けて成長したような様子はみられません。また、変な樹形になりがちなイヌツゲの木でそういった例を見たことがありますが、写真のようにスダジイとは少し違う形をしていました。

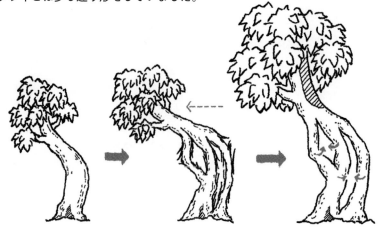

おそらくこれは、「幹が一度裂けたあと、裂けた形のまま幹が修復されて固定された」姿ではないかと思います。最初に、強風などで幹が折り曲げられたことによって裂け、裂けた部分から傷を修復するため新しい樹皮がつくられていき、やがて樹皮が傷をすべて覆ったのではないでしょうか。大きく裂けてもまだそれぞれの幹の組織が生きており、裂け目をふさぐために、形成層から新しい組織がつくられていったのだろうと思います。

強い力で曲げられたことで裂けたヤブツバキの枝。

　強風により一方に強い力がかかることで、幹や枝がこのような折れ方をすることは時々あります。特に、元々カーブしていた木の場合はこのような裂け方をしやすいです。このような木や枝は危険なので切られてしまうことが多いですが、こちらの木はそのまま残されたために、生き続けられたのかもしれません。

　こちらの木は、とある山の中で見つけたスギの木です。幹が途中で一回転したようになっています。どうしてこんな成長をしているのでしょうか。

　ふつう、スギの幹はまっすぐ上に成長し、円錐形の枝葉を広げます。途中で幹を切られたり損傷したりすると、横向きの枝が上に曲がるなどして変わった樹形になることもありますが、このように途中で一回転して再度上に行くような形にはなりません。

　本州の日本海側のような雪の多い地方だと、雪の重みでつぶされた木が上に伸びることでカーブしたような樹形になる場合もありますが、この木があったのは雪がそこまで多くない地域ですし、奥の方に見える他のスギの幹はほとんど曲がっていません。

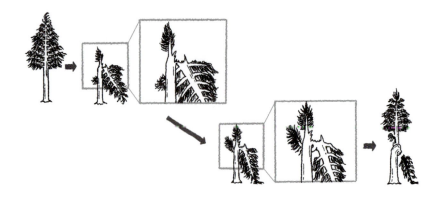

おそらくこれは、「幹が一度折れたあと、折れた先がそのまま成長した」姿ではないかと思います。最初に、原因はわかりませんが幹の先端部分が折れ曲がってしまいます。しかし、折れた幹はまだ生きており、その状態のまま上に方向転換し、伸びていった、というものです。

　幹の一番先の部分がそのまま上に曲がって方向転換したのではなく、少し下についていた横枝が上向きに伸びていった可能性もありそうです。

　そのまままっすぐ上に伸びつつ幹は太っていき、折れたときの傷口も塞がって今の状態になったのではないでしょうか。

> 一回転している部分は、やがて癒合して一つの塊になってしまいそうにも思えますが、スギなどの針葉樹は広葉樹に比べて幹を合体させるのが少し苦手なようです。

　折れた部分をよくみると、折れ曲がったところにまっすぐ上に伸びる細い枯れ枝があるのがわかります。スギのような円錐形の樹形に育つ針葉樹は、一番上の枝が枯れるとその下の横枝が上に立ち上がり、一番上の枝の代わりになるものが多いです（p.96「樹形からわかる、マツの生きてきた道」を参照）。幹が折れ曲がった際に、最初はこの細い枝が上に伸びて一番上の枝の代わりになろうと成長したのが、結局折れた側の枝の方がよく成長してしまったのでしょう。

シンプルですが、こんなものもあります。こちらの木は、幹に一本の筋のようなものが走っています。筋は幹の途中で止まっていて、その少し下には、丸い穴が空いています。筋の少し外側では、樹皮の表面が薄く破けたようになっています。どうしてこんな筋や穴ができるのでしょうか。

幹にこのような一本の筋が入る原因としては、「幹が風などに強くゆすられることで、繊維に沿って幹が割れる」「冬に幹内部の水分が凍ることで割れる」「幹が旺盛に成長して太ることで、樹皮が裂ける」などがあります。しかし、いずれの場合も入る筋は繊維に沿ったまっすぐなもので、写真のように2回もカーブした形になることはあまりありません。

おそらくこちらは、「カミキリムシの食痕に沿って幹の一部が枯れ、それを塞いでいる途中」ではないかと思います。

幹の上から下に沿って、おそらくはカミキリムシの幼虫が、樹皮のすぐ内側を食べ進んで成長したのではないでしょうか。生きた木につくカミキリムシの幼虫は栄養のある樹皮のすぐ内側あたりを食べるものが多いです。樹皮のすぐ内側をトンネルをつくりながら食べ進んでいったあと、残った樹皮の部分が乾燥などによって枯れることで、幼虫が食べたトンネルに沿って筋状に枯れ、陥没してしまったのではないでしょうか。

その枯れた部分の両側（樹皮が薄く破けている部分）から修復のための組織が成長し、両側がぴったりくっついて塞いだところではないかと思います。また、筋の少し下にある穴は、カミキリムシが成虫になり、穴を空けて外に飛んで行った痕でしょう。トンネルを掘って木の幹を食べ進んだ幼虫は、幹内部に潜ってさなぎになり、その後成虫になって穴を空け、飛んで行ったものと思います。

　ちなみに、この写真を撮った4年後に同じ木を見てみたところ、カミキリムシ（？）が脱出した穴は見事に塞がっていました。幼虫が食べ進んで筋状に枯れた部分も、しっかり塞がって痕跡だけになりつつあるのがわかるかと思います。少し食べられたくらいなら、どうってことないのですね。

　こちらは、とある公園で見つけた木です。幹が局所的に太り、ネジのようになっています。このような形になっているのは幹のこの部分だけで、それ以外はいたって普通の木です。どうして、一部だけこのような形になってしまったのでしょうか。

　木は自分の体の一部にだけ力がかかる状態をあまり好みません。このように横方向の溝がいくつもある状態だと、風などで幹が横に曲がったとき、溝の部分に力がかかり、折れやすくなってしまいます。

> 板チョコが溝の部分で割れやすいのをイメージしてみるとわかりやすいかもしれません。

　そのため、木が意味もなくこのような形をつくったわけではなさそうです。

らせん木理になった木の例。

似たような形になるものに、らせん木理というものがあります。樹種や環境などによって木の導管がらせん状に配列し、幹や枝がねじれたようになるものです。しかし、らせん木理ではここまで顕著なデコボコになることはあまりないように思います。

　おそらくこちらは、「幹に巻き付いたつるを飲み込もうとしている」姿ではないかと思います。よく見ると、太っている部分に沿って細いつるが一本巻き付いているのがわかるでしょうか。こうしたつる植物が木本性（年々太っていく）のつる植物だった場合、巻き付かれた幹とつるがそれぞれ太り、幹がつるに締め付けられるような形になることがあります。
　そうなると、巻き付かれた部分が枯れ、やがて巻き付かれた方の木が枯れてしまうこともあります。しかし、この木はそれに対抗するような形で、つるを飲み込むように成長しています。つるが巻き付いて幹が締め付けられると、上の枝葉から降りてくる光合成でつくった栄養分がせき止められます。その栄養分を使って幹が太り、つるを飲み込むような形になっているのではないでしょうか。よく見ると下の方では完全につるが飲み込まれてしまっているのがわかります。

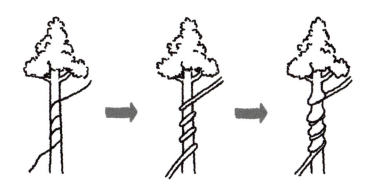

　また、ここから半年くらい経ったころに同じ木を見に行ったのですが、幹が成長し、つるがさらに飲み込まれつつある状態でした。このまま飲み込まれたら、逆につるの方が幹に締め付けられ、枯れてしまうのではないかと思います。

　こちらは別の公園で見つけたクヌギ（樹皮の色が濃くてゴツゴツしている方）とエノキ（樹皮の色が薄くてスベスベな方）なのですが、クヌギの根元からエノキの木が生えているような状態です。

p.180「木に乗っかって暮らす植物たち」で紹介していますが、木の幹のうろやくぼみなどに別の木が生えることは割とよくあることです。しかし、木のうろではなくこうした樹皮の凸凹に植物が生える場合、凸凹に沿うように根っこが伸びるはずです。このエノキはそのようになっていません。まるで、クヌギの根元を突き抜けるように生えています。

　これは、「エノキが隣り合って生えていたクヌギに飲み込まれた」姿ではないかと思います。先ほどのものはつるを木が飲み込もうとしていましたが、こちらは木が木に飲み込まれてしまった状態です。

　最初は至近距離で並んで生えていたものが、クヌギの根元が太っていくにつれてエノキが巻き込まれ、やがて飲み込まれてしまったのではないでしょうか。これが同じ種類や近縁（きんえん）の木同士であれば、合体して一つの木になる場合もありますが、残念ながらそれほどの親和性がなかったようです。

　このままクヌギが太っていくにつれ、エノキは徐々に締め付けられ、光合成でつくった栄養を根っこに送ることができず、いずれ枯れてしまうのではないかと思います。この写真の時点では枯れておらず、完全に飲み込まれてからまだそれほど日が経っていないのかもしれません。

これは、とある渓流沿いで見つけた木です。それぞれの幹が変な方向に伸びていっており、枝分かれの仕方もなんだか変な形です。一体何がどうなっているのでしょうか。

　幹が真横に伸びたり、斜めに伸びたりしています。幹が不自然にデコボコしている箇所もありますし、ふつう幹は根元に行くほど太くなるのに、こちらの木では太くなったり細くなったりしているようにも見えます。

　いくつかの近縁な木が合体した状態でしょうか。明るい渓流の方に伸びていく木に、地面スレスレをまっすぐ真横に伸びた木がぶつかり、それらが同種か近縁種だったため、数年かけて合体した、という推測です。しかし、同種や近縁種の木が、片や明るい渓流の方に伸び、片や明るくもない地面スレスレをまっすぐ真横に伸びる…。そんなことがあるでしょうか。ちょっと考えにくいかもしれません。

　おそらくこれは、「土の中で2つの木の根っこが合体し、周りの土が落ちたことによって露出した」姿ではないかと思います。

どうやら、写真の黄色い丸と赤い丸で囲った木は別の個体で、青い丸の部分で根っこが合体しているようです。写真に写っている部分はすべて幹のようにも見えるかもしれませんが、緑色の点線部分あたりに元々地面があり、そこから下に枝分かれした根っこが伸びているものではないかと思います。

　幹が真横に伸びているように見えていた部分は、渓流の崖に生えた木が、落ちないよう真横に根っこを伸ばしていたと考えると納得できそうです。他にも、枝分かれの仕方や、上に伸びる幹よりも細くなっている点、青い丸で合体している部分の様子などから、根っこが太くなったものではないかと考えました。

　そして、こちらの写真の丸の中を見ると、不自然な方向に伸びている根っこがあることがわかります。これはたまたま不定根が変な方向に伸びているのではなく、根っこが何かの上に乗って伸びたものかと思います。

　伸びたての根っこにしては太く、伸び始めてからある程度の年月が経っているようです。もともとあった岩や土の上に沿って根っこが成長し、その岩や土だけが落ちたらこのような形になるのではないかと思います。

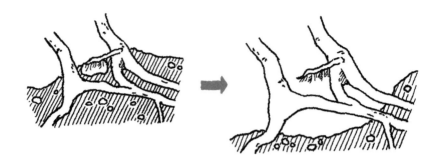

　もともと、崖の縁で芽生えた2本の木が成長し、おそらく近縁種だった2本の木の根っこが、土の中で合体します。その後、渓流が増水しましたが、根っこは崖のさらに深いところまで伸びていたため、土や岩だけが流れ落ち、根っこが露出した。そう考えると腑に落ちるかもしれません。

土が流れ落ちて、根っこが露出した木。

　p.156「過酷な環境を生き抜く木」でも紹介しているように、崖から生えている木の根元の土が流れ、根っこが一部露出するのはよくあることです。ま

た、根の張り方は種類によって様々ですが、崖から落ちないような形で真横に根っこを伸ばすこともよくあります。

　この木は、露出した根っこに苔が生え、つる植物が這っていることなどから、この状態になってからそれなりの年月が経っているのではないかと思います。

　不思議な形の木をいくつか紹介してきましたが、これらの木は人の生活圏やアクセスの難しくない場所で見つけた木がほとんどです。案外、不思議な形の木は身近な場所でも見つかるものです。街中のちょっと大きめの公園や、旅行でちょっと自然のある場所にでかけた際など、あなたの前にも現れるかもしれません。

　そんなときはぜひ、木を隅々まで観察して、どうしてこんな形になったのか想像してみてください。もちろん、木がどのように成長するのか基本的な部分は知っておく必要があるかと思いますが（この本の冒頭部分などでも紹介しているので参考にしてみてください）、木の幹の肥大成長と枝葉の成長、周りの環境の変化、様々な要素を加味して想像するのは高度な謎解きのようでとても楽しいです。

　想像するのは自由なので、どんな答えが出ても構いません。自分の身の回りに遊び相手が一つ増えたと思って、ぜひ不思議な形の木を探してみてください。

第3章 木の姿から読みとれること

樹形からわかる、マツの生きてきた道

　あなたは、「マツの木」といわれたら、どんな姿を思い浮かべますか？ ちょっと頭の中でどんな形かイメージしてみてください。

　おそらく、盆栽のように曲がった幹の木を思い浮かべた方が多いのではないかと思います。実際に、野外で見るマツの木は幹が曲がっているものも多いのですが、本来マツが「なろうとしていた」姿はちょっと違っています。

　写真のような形が、マツの木の目指していた本来の姿というか、マツが誰にも邪魔されずにすくすくと育った姿に近いものです。

> ここでは、アカマツやクロマツなどマツ科マツ属の樹種を「マツの仲間」としてご紹介します。カラマツやモミなど別のマツ科樹種では成長の様子が違う場合があります。

すくすく育ったアカマツ。円錐形の樹形をしている。

　幹がまっすぐ伸びて横枝が伸びて、クリスマスツリーのような円錐形をしていますよね。虫による食害や風などによる枝折れ、人による剪定などがなければ、マツの木が本来たどり着くのはこのような円錐形の樹形です。

> 「頂芽優勢」と呼ばれる性質によるもので、マツの仲間以外にも様々な種類の植物にみられます。

　では、よくみられる曲がった樹形のマツはどのようにつくられるのでしょうか？　これは、一番上の芽が食べられるなどして損傷することによってできるものです。

　円錐形の一番上の芽（頂芽）が失われると、すぐ下の横に伸びた枝葉が起き上がり、そこが一番上の芽の代わりのように成長します。他の多くの樹種

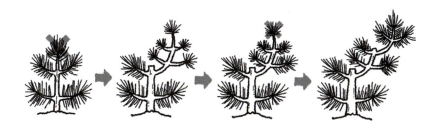

では潜伏芽と呼ばれる休眠する芽がつくられるので、損傷した枝のすぐ近くの潜伏芽が芽生えることもあるのですが、日本産のマツの仲間では基本的に潜伏芽がつくられないので、一番上の横枝が起き上がって頂芽の代わりになるような成長の仕方をします。

　これが繰り返されることによって、まるで盆栽のような曲がった樹形がつくられるのです。

> 盆栽のマツでは、剪定の仕方や針金による固定などで樹形をコントロールしている場合があります。

赤丸部あたりで頂芽が失われた可能性がある。

　野外でマツを観察してみると、曲がっている幹は途中で折れるような曲がり方をしていることが多いです。この折れ目の部分に、一番上の芽があったと考えられます。一番上の芽が失われることは結構頻繁にあるようで、一本の木の中にいくつもその痕跡が見つかることは珍しくありません。

基本的には、一年で赤い矢印の分だけ成長する。

春には芽から放射状に新しい枝葉が伸びる。

　また、樹形を見ることでマツの年齢も推定することができます。やり方は簡単で、マツの幹の枝分かれの数を数えるだけです。他の多くの木では、春先に冬芽が芽吹いて枝が伸びたあと、環境条件によってさらに枝を伸ばして葉っぱを広げることもあります。しかし多くのマツは、基本的に一年のうち春先に芽吹いて枝が伸びた分しか成長しません。

> 海外に生育するリギダマツなど幹から胴吹き枝を出すものもあります。また、気象条件や剪定の仕方などにより、夏にもう一度枝を伸ばすこともないわけではないです。

　普通に育てば、春に一箇所から数本の枝が放射状に伸びていきます。マツ

の枝を観察すると枝の先から緑色の新しい枝が伸びているのがわかると思いますが、枝先から枝分かれしているところまでがその年のマツの成長量です。そのちょっと手前で枝分かれしている箇所が、去年芽吹いたところ。そのさらに手前が一昨年の…と数えていけば、おおよその年がわかります。

　幹の下の方に行くと枝が無くなってくると思いますが、枯れ枝や剪定された痕もしっかり数えてください。芽生えてからある程度の大きさになるまで少し年月がかかるので、枝分かれの数+3年くらいを足したらそれがマツの推定年齢です。たとえば写真のマツでは、おそらく16歳くらいであることがわかります。

> マツの手入れには、放射状に芽吹いた枝のいくつかを手でむしる「みどり摘み」という作業があります。そのためよく手入れされたマツでは必ずしも放射状に枝が伸びていないこともあります。

　規則正しく成長するマツの仲間だからこそ、これらの方法でどのように生きてきたのか想像することができます。マツを見かけたらぜひ枝の数や樹形を見てみてください。

第4章 年輪からわかること

第4章 年輪からわかること

年輪から読み解く木の一生

　年輪には、木が生きてきた歴史がそのまま刻まれています。「年輪の数＝その木の年齢」というのは有名な話ですが、それ以外にも年輪から読みとれることは多いです。たとえば、何歳のときに傷がついたのか、その傷にうまく対処できたのか、何歳から何歳のうちによく成長したのかなど。年輪幅のパターンを比較して、過去の気候変動を推測するなんてことも行なわれています。

> フジはいくつも形成層をつくって成長するので、年輪を数えても正しい年齢がわからないことがあります。

　観察するのも伐採後の切り株である必要はなく、枝を切られた切り口でも良いし、伐採された丸太でも良いし、家にある木製の机で観察することだってできます。庭木の剪定をした際に枝を取っておいて、気になる部分をあちこち切ってみるのも良いでしょう。

多くの場合、木は人間よりもはるかに長寿な生き物です。そんな木の体の中に、生きてきた歴史が事細かに刻み込まれているなんてわくわくしませんか？　他の生き物でそんな面白い観察ができるものはなかなかありません。年輪を読み解いて、木がどんな歴史を辿ってきたのか見てみましょう。

> ただし、年輪はあくまで幹の1断面なので、当然ですが切った位置で起こったことだけが記録されます。1つの年輪で木の一生の全てがわかるわけではないことに注意しておきましょう。

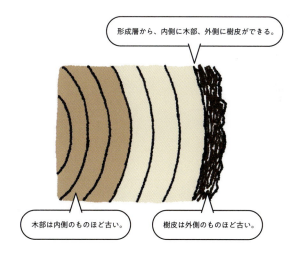

形成層から、内側に木部、外側に樹皮ができる。

木部は内側のものほど古い。

樹皮は外側のものほど古い。

木の幹は、基本的に樹皮の下にある薄い「形成層」という部位で細胞分裂をして、形成層の内側に新しい木部（木材になる部分）、外側に新しい樹皮を積み重ねていくように育ちます。

このうち、年輪になるのは形成層の内側につくられる木部の部分です。そのため、年輪の内側に行くほど古い組織（樹齢が若い頃にできた部分）、外側にいくほど新しい組織となります。

年輪1年分のうち、色の薄い部分は春に成長した部分（早材）、色が濃く、年輪の線になっている部分は夏に成長した部分（晩材）です。季節の変化により年輪ができるので、一年中暑い熱帯の木には年輪ができません。

| 乾季や雨季があると年輪ができる場合もあります。

　光合成でつくったエネルギーを使って新しい組織をつくるので、当然たくさん光合成できればその年の年輪幅は全体的に太くなるし、できなければ全体的に細くなります。

| 部分的に太くなっているものはあて材と呼ばれるもの（p.28『「年輪の幅が広い方が南」は本当？』で紹介）などです。また、同じ年でも幹の部位などにより年輪幅が異なることがあります。

年輪の幅は、1年ごとに違っていることがわかる。

　それを踏まえてこの年輪を見てみると、どうでしょうか？　公園の樹林地に生えていた針葉樹の切り株です。年輪を数えると、27歳前後でしょうか。

　一番外側の何本かの年輪幅がかなり狭くなっていますよね。伐採されるまでの7〜8年くらいはこの部位の成長は良くなかったようです。他の大きな木の枝が伸びてきて日陰になってしまったのでしょうか。それとも病気や害虫が発生して光合成に使う葉っぱを失ってしまったのでしょうか。植え替えなどによる環境の変化かもしれません。初期成長の速い木であれば、元気に育っていてもある時点で成長が遅くなるということもあり得ます。もしかしたら、単にこの部位より他の部位を優先して太らせていただけかもしれません。

また、その内側の若い年代の年輪幅も一様ではないのがわかるでしょうか？　若い時期は成長があまり良くなくて、7～8歳くらいの頃からたくさん成長するようになり、20歳を過ぎたころからまた成長が悪くなり（この部位だけかも？）、27歳くらいで伐採されてしまったようです。

　暗い林床で芽生えて育ち始め、7歳くらいで光の十分当たるところまで背を伸ばすことができ、20歳くらいから先述のように生育環境が悪くなってしまったのでしょうか。年輪を見ると、木の一生がどんな様子だったのか想像することができます。

　この木のように変化の多い一生のものもいるし、一定した年輪幅で安定した一生を送っているものもいるし、大器晩成型の一生を送るものもいて、同じような木でもその生き方は様々です。

> 　気候の影響などにより偽年輪という一周つながらない年輪ができることがあり、一方向から数えただけでは正しい年齢が測れない場合もあります。また、葉の量が前年の夏には決まるマツの仲間などでは、光合成でつくった栄養を幹の成長に使うのに1年以上のタイムラグがある場合があり、必ずしもその年での出来事を反映していない場合もあります。

明るい場所でよく育つヤナギの仲間。直径50cm近くありそうな大木だが、年輪を数えると10年くらいしか経っていなさそう。

木の成長の仕方は種類や環境条件によっても大きく変わるので、木の一生を刻む年輪のでき方も一様ではありません。同じ年齢の木でも、大きさや大きくなる過程がそれぞれ全く違っていることも少なくないです。

　年輪にはそこで受けた傷も刻まれます。木の成長は原則「付け足していく方式」です。形成層から内側に向けて組織を付け足していくので、私たちのように一度損傷した部分が治癒していくことはありません。新たに組織を付け足して傷を塞いだり補強したりするのみです。

傷を受けたヒマラヤスギが、20年ほどかけて傷を塞いだ様子。

　写真のヒマラヤスギは、18歳のころに樹皮の下に達する傷を受けたようです。虫にかじられたり哺乳類（人間含む）によって樹皮を剥がされたり、樹皮に陽が当たりすぎて幹焼けしたりと、損傷する原因は色々とあります。

　| 山では、シカやクマが樹皮をはがして形成層などを食べることがあります。

　年輪を見ると両側から新たに幹の組織が伸びてきて、やがて両側がくっつき、最終的に年輪が一つに癒合しています。年輪を数えると、完全に癒合して傷が塞がる（両側がくっついて癒合する）までに20年近くかかったようです。

傷を受けたケヤキが、13年ほどかけて傷を塞いだ様子。

　写真のケヤキも、23歳のころに樹皮の下に達する傷を受けたようですが、両側から幹が伸びてきて、完全に傷を塞ぐことができています。完全に年輪が癒合するまでに、13年近くかかったようです。ここまで傷が塞がれば、外側から見ても傷があったことはわからないでしょう。

傷が大きかったり、幹が腐っていたりするとうまく塞げないこともある。

　傷が大きいと塞ぎきれないことも多く、こちらの写真の木では8年以上かけて両側から幹の組織を伸ばしていましたが、結局塞げなかったようです。幹の中身が腐ってボロボロになったり空洞になったりすると、新しくできた幹の組織がうまく伸びることができず、傷を塞げないこともよくあります。

また、場合によってはこんな年輪もみられます。一つのケヤキの切り株の中に、いくつもの年輪があります。これは、幹同士が成長して合体したものです。

赤丸が年輪の中心部、青丸が幹同士が癒合して年輪の繋がった部分。

　木の幹は年々少しずつ太っていくものですが、同じ種類や近い種類の木の幹が近くにあると、くっついたまま少しずつ太っていき、やがて溶け合うように合体します。

　くっついたまま育つだけなら、それぞれの年輪の間に樹皮が挟まった状態になりますが、この年輪を見てみると、右側などではあるところから樹皮がなくなり、年輪が繋がっているのがわかるでしょうか。

　この木は、近い場所から生えていた4つほどの幹が合体して一つの大きな幹になったようです。おそらく、4個体のケヤキが密集して生えていたのではなく、根元近くから4本に枝分かれしたケヤキが合体したのでしょう。

　このように、同じ個体の木の幹同士が合体するのはしばしばみられますが、別の個体同士が合体したと思われる様子もまれにみられます。

枝分かれした幹同士が合体するのはごく普通に起こっている。

　写真は先ほども出てきたヒマラヤスギですが、こちらは右上に小さな年輪がくっついていて、大きい木の幹と、細い枝や木が合体したのだとわかります。ヒマラヤスギが幹や枝の途中からまっすぐ上に伸びる枝を出す様子は、あまりみかけるものではありません。

　おそらく、これはヒマラヤスギが自分の枝を取り込んだのではなく、近くに生えていたヒマラヤスギが成長に伴って取り込まれ、一つに合体したのではないかと思います（自分の枝を取り込んだ可能性も大いにあると思います）。

> これは余談ですが、本当は同じ画像を使いまわしたくなかったのですが、針葉樹の年輪は線がハッキリしていてわかりやすく、理解するのにわかりやすい例として2回あげてしまいました。

4 年輪からわかること

違う種類の木同士だといくらくっついても合体しない。

「木の幹がいつ傾いて、いつ頃安定したか」というのも年輪からわかります。こちらの切り株は、年輪の中心部が真ん中からややずれたところにあるのがわかるでしょうか。こうした年輪は、「あて材」といって片側の幹だけ多めに太っている状態です。

　p.28『「年輪の幅が広い方が南」は本当？』で詳しく解説していますが、片側だけ幹を多めに太らせることで、傾いた幹を引っ張り上げたり押しあげたりして傾きを修正しています。

赤丸で囲った部分が引張あて材形成部。白っぽく色づいている。

110

基本的には、広葉樹では傾きの反対側からロープで持ち上げるように引っ張る形、針葉樹では傾いた側からグッと押し上げる形です。そのため、広葉樹では傾きの反対側、針葉樹では傾いた側の年輪幅が広くなります。切られたばかりの新鮮な年輪では、広葉樹の引張あて材では光沢のある白色っぽく、圧縮あて材では茶色っぽく年輪が色づくことが多いです。

　写真の樹種は広葉樹のクスノキなので、傾きの反対側に白色の引張あて材ができています。かなり成長初期から（5歳くらいから？）白っぽいあて材をつくり初めて、写真の下側の年輪幅が大きくなっています。20歳を超えたくらいからあて材をつくる量が減り、やがて白っぽく色づかず、幅が比較的均等な年輪になりました。

　このクスノキは池の岸辺に生えていたので、他に光を遮るものがない池側に枝葉を伸ばして、樹体が重くなって傾くにつれ、あて材を発達させて上方向に伸びていったのだろうと思います。20歳を超えたくらいからは幹が太くなって安定してきたのか、顕著にはあて材をつくらなくなったようです。

針葉樹では傾きの下側の年輪幅が広い圧縮あて材がみられる。

圧縮あて材をつくる針葉樹では傾きの下側の年輪が広がる様子がよくみられ、枝を付け根から切った年輪では、その様子を観察できることが多いです。写真はヒノキの枝を切った年輪で、年輪の中心がかなり上の方にあるのがわかります。

　かなり成長初期のころから写真の下側の年輪幅が大きくなっています。横に伸びる枝が重くなり、圧縮あて材によって下から押し上げる必要が出てきたようです。どういうわけか途中で一度あて材の発達が弱くなり（強剪定されて光合成量が減った？）、再び徐々にあて材が発達してきています。

切り株の真ん中が菌にやられて空洞になっている。年輪の観察はできないが…。

　場合によっては、残念ながら切り株の真ん中に穴が空いて空洞になっていることがあります。キノコが、時間をかけて幹の中心部を腐らせてしまったのです。

　こうなると、残念ながら年輪を観察することができません。こうした切り株についていえることは、「おそらく木が生きているころから腐朽が進んでいた」ということです。

年輪の中心部（心材）はp.52「体を食べ尽くされても、至って健康なワケ」などで説明したように、水も通っていない死んだ組織です。そのため、剪定や道路工事などによってできた傷口を通じて幹の中心部にキノコの胞子や菌糸がやってきても、木はなすすべがありません。

ただし、中心部にはふつう抗菌物質が蓄積されているので、腐るスピードは比較的ゆっくりです。対して年輪の外側部分（辺材）は、抗菌物質は中心部に比べて少ないものの、常に水で満ちている上に防御物質を出す生きた細胞（柔細胞）があるので、その組織が生きている限り多くの菌は生きていけません。

そのため、木の幹の水を通した辺材部は腐らず、抗菌物質が溜まっているが木が防御できない心材部だけがジワジワと腐っていきます。

> 幹が傷ついて一部分が死んだ場合や、一部の病気では木が生きたまま辺材が腐る場合もあります。

幹の辺材部から先に腐っている様子。抗菌物質の蓄積された心材部は本来腐りにくい。

しかし伐採などで木が死んだ後は、水も生きた細胞も無くなるので先に分解されるのは多くの場合抗菌物質の無い辺材の方です。幹の中心部に腐朽が

入っていない木が伐採された場合、最初に辺材が腐ります。

　そのため、切り株の年輪の中心部が先に腐って空洞になっているということは、木が生きている間に心材が腐って空洞になっていたと推察できるわけです。

　さて、年輪から読みとれることについてざっと説明してみて、年輪の写真もたくさんお見せしましたが、実はこれらに共通してみられる事項があったことにお気づきでしょうか？　具体的には、「年輪のひび割れ方」についてです。ちょっと見返してみてください。

　実は、年輪は乾燥すると多くの場合「年輪の線に沿うか、線に対して直角方向に割れる」のです。年輪の線に沿って割れるのは何となくわかるかと思いますが、線に対して直角方向に割れるのは、「放射組織」という部分が関係しています。

　　もちろん、乾燥ではなく物理的な事故などで割れた場合はその限りではありません。

　放射組織は年輪に対して直角方向（年輪の中心から放射状に広がる形）に伸びるように存在する組織です。生きた細胞で、防御反応や養分の貯蔵などに関係しているといわれています。

　この生きた細胞が乾燥して縮むことで、直角方向に割れていたというわけです。面白いもので、傷を塞いだりあて材ができたりして変な形になった年輪でも、原則として線に対して直角方向に放射組織が存在していています。「木に刻まれた歴史」とはちょっと違うかもしれませんが、こうしたところにも意味があるのです。

放射組織は基本的に年輪の直角方向に存在し、乾くとヒビ割れる。この木も不規則な年輪だが、年輪の線に概ね直角でヒビが入っている。

ひび割れが放射組織（放射状に伸びる白い線）に繋がっている様子。

　年輪には様々な情報が刻まれています。これは新しい組織を付け足して成長をする樹木ならではのものです。動物でも骨の断面などから年輪のような情報が得られる場合もありますが、これだけ身近で手軽に観察できるものは木の年輪くらいではないかと思います。

> カエルの骨、魚の耳石などにも年輪のようなものが刻まれているそうです。

　街路樹のような画一的に植えられる木ではあまり変わりばえしない年輪しかみられないことも多いですが、公園の樹林地で伐採された木の年輪などでは様々な状態のものを見ることができてとても楽しいです。運が良いと、「何

がどうしてこうなったのか…」としばらく考え込んでしまうほど複雑な年輪に出会うこともあります。人間よりはるかに長く生きた木の生き様を、ぜひ観察してみてください。

> 台風が去って数日〜数週間経った公園などでは倒木の処理で新鮮な年輪がたくさんみられますが、観察の際は安全に十分配慮してください。

第5章 木も生きている

第5章 木も生きている

いざというときのために出る予備の枝葉

　木の幹の途中や根元から、細い枝が何本も出ているのを見たことがありませんか？これらが出ている場合、もしかしたら木がちょっとピンチを感じているかもしれません。

根元から生えてくる「ひこばえ」。

幹の途中から生えてくる「胴吹き」。

根元から出ているのを「ひこばえ」、幹の途中から出ているものを「胴吹き」と呼びます。太い幹から細い枝がひょこひょこ出ていて、ちょっと不自然な形ですね。

　ちょっと昔の造園技術のテキストなどでは、これらは花芽を付けず、木の栄養を取ってしまうため切ったほうが良い、と書いてあることがあります。

　たしかに、樹形の美しさや花付きを優先する場合や通行の邪魔になってしまう場合などは切るべきときもあると思います。しかし、木もなんの意味もなく枝を芽吹かせているわけではありません。これらは木が失った枝葉を補うために芽吹かせたいわば「予備の枝葉」なのです。

　ひこばえや胴吹きは、多くの場合枝が枯れたり剪定されたりしたときに出てきます。庭木の枝をバッサリ切ってスッキリしたと思ったら、小さな枝がモサモサ生えてきて変な樹形になってしまった経験がある方もいるのではないでしょうか。

　これは、剪定などによって枝葉を失った樹木が、それらを補うために芽吹かせているのです。葉っぱは樹木にとって、光合成をして自分の栄養をつくるための大事な器官。これらが少なくなってしまうと、光合成によって得られる栄養の量も少なくなってしまい、あまり成長できなくなってしまいます。たくさん成長して子孫を残したい樹木からしたら、なるべくそれは避けたいところ。そこでひこばえや胴吹きを出すことで、葉っぱの量を補っているのです。

切り株から出てきたひこばえ。

切られた痕から出てくる胴吹き枝。強剪定されると、切り口付近からたくさん芽吹く。

　ここでひこばえや胴吹きの元となるのは、多くの場合「潜伏芽」という、木が芽生えさせずにあえてとっておいた芽です。樹木の芽は基本的に、葉っぱの付け根や枝の節の部分についています。夏から秋頃に木の枝を見たときに葉っぱの付け根をよく見ると、小さな芽が準備されているのがわかるはずです。
　これらは冬を越して春になると芽吹きますが、その全てが芽吹くわけではありません。一部の芽はそのまま芽吹かずに太っていく枝の中に隠れ、潜伏芽となります。潜伏芽は何年も芽吹かずに眠っていて、木がピンチになるその時まで眠っているのです。

赤丸部分が待機している潜伏芽。年輪の分だけ成長して樹皮の下で待機している。

　驚いたことに、潜伏芽はただ休眠しているのではなく、幹の成長に合わせて少しずつ伸びて、常に幹の表面近くでスタンバイしています。木のピンチにいつでも対応できるよう、「いちについて、よーい…」の状態で待機しているのです。

　そうした潜伏芽がいくつもあるので、木の枝がバッサリ切られると、それを補うように切られた箇所の近くからたくさんの枝が芽吹いてきます。切り方や樹種によっては、小さな胴吹き枝がたくさん出すぎて、幹に沿ってびっしり葉っぱがついている変な樹形になることもあります。

> 日本産のマツ類などはふつう潜伏芽をつくらないので、枝葉がなくなるとそのまま枯れてしまうことがあります。潜伏芽をつくる樹種でも、老齢木になるとひこばえや胴吹きを出しにくくなるものが多いです。

　また、マテバシイやイヌブナなど樹種によっては別にピンチでもなさそうなのに根元にズラッとひこばえが並んでいるものもあります。これらも、元の幹が枯れたときに待機していたひこばえが素早く成長し、それを補うためと考えられているものです。

マテバシイ。常にひこばえを多数準備しておき、いざというときに備える。

　芽吹くための仕組みも巧みなもので、普段は枝先からつくられる「オーキシン」というホルモンが潜伏芽の芽吹きを抑えています。そこで枝先が切られるとオーキシンの供給が止まり、今までオーキシンによって抑えられていた「サイトカイニン」というホルモンがはたらくようになり、それにより芽吹きが始まります。

　（おそらく）意思を持たない樹木でも、自動的にピンチを乗り越えられるように設計されているのです。

　元々は、自然界で生きていく上で木が食害にあったり、幹が折れて倒れたりしたときなどに役立っていたのだと思います。生きる場所が森林から道路や公園に変わっただけで、木の生きていくための機能は今でも衰えていません。

　もちろん、「木がピンチを感じているだろ！　かわいそうだから剪定をするな！」ということをいいたいのではありません。

> 剪定は、人間からすると樹形を美しく保ったり、大きくなりすぎないようにしたりと木を管理する上で必要な作業です。

大事なのは、「なぜこうなっているのだろう？」と想像してみることです。木も生きているので、病気でもない限り何の意味もなく枝を伸ばすことは、おそらくありません。その意味を考えてあげると、木との付き合い方が上手になったり、木の面白さに気づけたりするかもしれません。

第5章　木も生きている

ルール無用、使い道色々な不定根

　人が人間社会で生きる上で、ルールというものは必ずついてきます。ルールを守らなければ、うまく生きていくことができません。

　植物にも、「葉っぱの脇に芽ができる」「葉、茎、根などのパーツに分かれる」というある種のルールのようなものがあります。しかし、それらは誰が決めたものでもないし、守るべきものでもありません。実際に植物は、ルールや固定観念を逸脱した型破りのようにも見える生き方をしていることがあります。ここで紹介する「不定根」も、植物の型破りな性質の一つです。

　不定根は、幹や枝など、最初に種から伸びた根っこ以外の場所から伸びた根っこを指します。たとえば、根っこが枝の節の部分から出たり、幹の途中から出たりといった具合です。不定根の定義が指す範囲が広いため、様々な場所・種類で不定根がみられるのですが、「根っこといえば、茎の下の方か

ら生えて地中を伸びるもの」という固定観念を一切無視して、いろいろな場所から根っこが出てきます。

　樹種によって不定根の出やすさは様々ですが、身近な樹種ではサクラやイチョウなどでみられることが多いです。枝が下に下がって地面に接したところから不定根を出したり、幹の内部が腐ってボロボロになった場所に不定根を伸ばしたりと、状況に応じて伸ばしています。雨が続いた日にサクラの木の幹を見ると、樹皮の割れ目から小さな不定根が伸びているなんてことも時々あります。

> ちなみに、「不定根」があるなら「不定芽」もあります。こちらも種類によって出やすさに差がありますが、普通葉っぱの脇や茎の節から出る芽を、それ以外の様々な場所から出すものです。

幹の腐った部分に伸びていく不定根。

街路樹のサクラの幹から出た不定根。雨が続くなど湿度が高くなるとこうした状態が時々みられる。

イチョウの不定根が地面に達し、太く成長しているもの。

5　木も生きている

河川敷などでよくみられるヤナギの仲間の多くは、不定根が非常に出やすいです。枝や幹が折れ流された場合、流れ着いた先で不定根を出して定着している可能性もあると考えられています。実際、水辺に多い種類のヤナギの枝を切って水につけておくだけで、不定根が出る様子を見ることができます。

> あくまでそうしたことが起こるかもしれないという話で、実際には種で増えることがほとんどだろうといわれています。また、山に生えるヤナギの仲間など不定根がなかなか出ないものもあります。

水辺で暮らすヤナギ類の枝を水につけておくと、すぐに不定根が伸びてくる。

　観葉植物として100円ショップなどでも売られているガジュマルも、湿度の高い部屋では幹や枝から不定根が出ることが多いです。彼らのふるさとは南西諸島などの亜熱帯から熱帯の地域。最初に鳥などが運んだ種が高い木の上で芽生えたら、次から次に不定根（気根と呼ばれます）を出し、徐々に太くなる不定根で元いた木を絞め殺すという生態をしています。

> ガジュマルの他にもアコウなど、熱帯に生えるイチジクの仲間では似た生態のものがいて、「絞め殺しの木」と呼ばれます。

あちこちから不定根を垂らすガジュマル。大きく広がると、元の幹がどこにあるのかわからなくなる。

木の上から不定根を垂らし続け、元いた木を絞め殺してしまったアコウ（ガジュマルと同じイチジクの仲間）。

木の上で発芽して不定根を伸ばし、これから元いた木を絞め殺す予定の木。

　熱帯などに生えるヘゴのような木生シダの仲間は厳密には木ではないため、(p.213「木と草の境界線は？」参照) 年輪をつくって幹を太くする仕組みがありません。その代わりに、幹の中下部に不定根をびっしり出して幹を太くし、自分の体を支えています。数mの大きさに育ったヘゴの仲間の幹を見てみると、黒い不定根にびっしり覆われている様子がみられます。このように、決まった場所以外から根っこを出して生きるということは、様々な植物で行

なわれているのです。

幹下部から不定根をびっしり出す木生シダのヒカゲヘゴ。幹を太くする代わりに不定根で体を支えている。

　また、木を元気にする過程で、不定根を利用する方法もあります。元気がなくなった木の幹にシートを巻き、中に水苔などを詰めて不定根の発生を促す「不定根誘導」と呼ばれる方法です。成功するとシートの内側では根っこがびっしり生え、それらの根っこが地面に到達すると、太くなり幹の一部のようになります。

　園芸分野では枝を切って土に挿すことで不定根を出させ、新たな苗とする「挿し木」という方法があ

不定根誘導の様子。資材を詰めたシートを剥がすと不定根がびっしり生えている。

りますが、これも植物が不定根を出す性質を利用したものです。

シートを巻いて遮光、保湿し、発根を促す。

　植物の種類によって出やすさの差は大きいですが、よく出す種類ではある程度の湿気があればカジュアルに根っこを出しています。胴体から手や足が生えてその上に首と頭があって…と、ある程度決まった体の構造を持つ私たち動物からすると、にわかには信じられない形をとっていることもあります。ルールにとらわれず、その場における最適な形を目指して自由自在に体の形を変えられるのは、植物ならではの特徴かもしれません。

　なにも自然豊かな山に行かずとも、家の周りの街路樹や公園の木などでも不定根を出している様子はよくみられます。植物たちの型にとらわれない生き方をぜひ観察してみてください。

第 5 章　木も生きている

どっしり構えているように見えて、実は色々やっている

　p.190「木を食べる色々な生き物たち」で紹介していますが、木は昆虫や菌など様々な敵が存在する環境の中で生き抜いています。では、木はそれらの敵にどのように対抗しているのでしょうか？

　木は根付いた場所から自力で移動することができないため、やってくる外敵からはしっかり身を守らなければいけません。物いわずどっしり構えているように見える木ですが、実際には様々な技を駆使して病気や害虫から身を守っています。

　近年では、食害された木が香りを出して、それを受けた他の個体が葉っぱの質を変えて食べられづらくするなど、目に見えない形で防御をしているようなこともわかってきています。それ以外にも木の外敵に対する目に見えな

い防御手段は多彩ですが、ここでは実際に目で見て観察しやすいものを中心にご紹介します。

ケヤキの樹皮。ケヤキの樹皮は年々剥がれていくが、この個体では7mmもの厚さ。

　たとえば、木の分厚い樹皮や枝葉に生える毛などは、物理的な防御に役立っていると考えられます。

　樹皮の厚さは樹種や樹齢などによって変わりますが、定期的に樹皮が剥がれ落ちるケヤキでも、大きくなったものでは1cmに届くような樹皮の厚さ。この壁を突破できないと幹の内部に到達することはできません。また、多くの木の樹皮の外側はコルクの層になっていて、虫や微生物が分解しづらくなっています。

　　マツ類の外樹皮は他の樹種とは成分が少し違っていて、触った質感も少し異なります。

　この強力な壁があることによって、多くの外敵から身を守っているのです。

シロダモの新芽。葉っぱが大きくなるまでの間、たくさんの毛に覆われている。

　木の芽吹いたばかりの葉っぱには、たくさんの毛が生えていることがあります。枝葉に生える毛のすべてが必ずしも害虫から身を守るためのものとは限りませんが、毛が密集しているだけで、小さな虫が歩きづらくなったり葉肉まで口が届かなくなったりします。

ミヤマウグイスカグラの花の柄にはベタベタする腺毛が生えている。受粉に関係しない虫が花にやってくるのを防ぐのに役立っていそう。

　芽吹きたての葉っぱに限らず、すっかり広がった葉っぱや、花や実につながる柄の部分などに毛が生えていることもあります。場合によっては、粘液を分泌してベタベタする毛（腺毛）になっていることもあり、これらも防御

に役立つと考えられます。花の柄に生えている腺毛などは、受粉に貢献しない虫が蜜を飲みに来るのを防ぐのにも役立っているかもしれません。

> 枝葉にある毛が必ずしも害虫からの防御に役立つとは限らず、強い光や乾燥から身を守るのに役立つ場合などもあると考えられます。

クスノキの葉っぱ。葉脈に囲まれた白い点に匂い成分が入っている。

ミカンの仲間であるユズの葉っぱ。黄色い点に匂い成分が入っている。

　クスノキやミカンなど、一部の樹種の葉っぱを揉むと良い匂いがすることがあります。それぞれの近縁種でも、同様に良い匂いのするものが多いです。これらの匂い成分は、外敵から身を守るための防御物質となります。人にとっては良い匂いに感じられますが、多くの虫たちはこれらの葉っぱを食べることができません。これらの葉っぱを食べられるのは、クスノキならアオスジアゲハ、ミカンならナミアゲハなど、多くの場合その防御物質を克服した一部の種類だけです。

アカメガシワ（左）やサクラ類（右）の葉っぱからは蜜が出て、ボディーガードとなるアリを集める。

5 木も生きている

133

アカメガシワの食物体（左）とノブドウの真珠体（右）。こちらもボディーガードとなるアリなどを集める。

　わざわざ自分で防御物質を生み出さなくても、他の生き物に守ってもらう戦略をとる木も多いです。サクラやアカメガシワ、ヤナギの仲間などでは、葉っぱや葉柄に小さなイボがあることがあります。ここからは蜜が出て、それを目当てにアリが集まります。

　これによって、アリが葉っぱを食べる虫を排除する、ボディーガードのような役割をしてくれるのです。他の防御戦略よりコストが低いためか、アリに蜜という報酬を与えてボディーガードしてもらう戦略は多くの植物たちで採用されています。

　また、アカメガシワやブドウの仲間などでは、蜜だけでなく栄養の詰まった小さな粒（食物体、真珠体などと呼ばれる）があり、それを報酬としてアリなどを集めるといわれています。

サクラの幹から出た樹脂。べたつく針葉樹の樹脂と違い、ゼリーのような質感。乾くと固まる。

これらの防御手段はそれぞれの木が標準的に装備しているものですが、木が攻撃されると発動する防御手段もあります。

　たとえば、道や公園に植えられたサクラの幹から、何かゼリーのようなものが出ているのを見たことはないでしょうか。これは「樹脂」と呼ばれる防御物質です。サクラの幹に外敵が侵入すると、それに反応して樹脂がつくられます。それによって外敵を絡めとって動けなくするだけでなく、小さな傷であれば樹脂が乾いて固まることで塞ぐこともできます。

マツの葉の断面。葉にも樹脂道が通っていて、切ると樹脂があふれてくる。

ヒノキの樹皮から流れる樹脂。ダメージに対応して樹脂道がつくられ分泌される。

　樹脂は針葉樹に多くみられ（いわゆる「ヤニ」と呼ばれるもの）、広葉樹の樹脂と比べてベタベタしていることが多いです。マツ類のように樹脂を分泌する樹脂道を木部などに標準装備しているものもいれば、スギやヒノキのようにもともと樹脂道を持っておらず、ダメージを受けるのに反応して樹脂道がつくられるものもいます。

> サクラなど広葉樹の樹脂は針葉樹のそれとは成分が違い、「ガム質（あるいはゴム質、ゲル）」と呼ばれることもあります。また、樹脂を出せる種類は針葉樹ほど多くありません。

ガジュマルの枝から出る乳液。

　似たものでは、「乳液」と呼ばれるものもあります。一部の植物がもつ「乳管」という場所から分泌される液で、食害から身を守るためなどに役立つものです。タンポポやウルシの茎や、観葉植物のガジュマルやポインセチアなどを切ると出てくる白い液も乳液です。これらの乳液に含まれる防御物質により、虫などの捕食者は葉っぱを食べられなくなるといわれています。

> 一部の種類が出す乳液はゴムやガムの材料になる（もしくはなっていた）こともあり、虫などの捕食者の口がべたついて食べられなくなるという考えもあります。

　こうした防御をかいくぐって木の幹に病原菌などが入ってしまった場合には、幹の中でも防御反応が起こります。「反応帯」と呼ばれるもので、幹の放射組織などにある生きた細胞（柔細胞）から抗菌物質がつくられ、菌の周りにバリアをつくり、菌を閉じ込めてそれ以上広がらないようにしてしまうというものです。木は一度被害を受けた部位を治療することができないので、被害を受けた部分は捨ててしまって、被害の拡大を防ぐことに注力します。

シミが縁取られたように黒くなっている部分に、入ってきた菌を閉じ込める反応帯ができていると思われる。

　幹の断面を見てみると、時々黒く縁取られたシミのようなものがみられる場合があります。この黒い縁取りの部分に反応帯がある可能性が高く、うまくバリアを張れると菌はその先に広がることができません。

　また、「よく成長すること」で防御になる場合もあります。早い話が、「食べられるより早く成長すれば問題ない」というようなことです。その木にとって生育環境が良ければ、食害を受けてもすぐに回復できるので、防御に投資する必要性が低くなります。実際に、葉っぱが虫に食べられて穴だらけなのによく成長しているという様子がみられることも多いです。

　餌となる木の実の量を調節して、捕食者の数をコントロールするような場合もあります。ナラ類やカシ類、ブナなどのどんぐりの木には豊作の年と不作の年があり、年によってどんぐりのできる量の変化が大きいです。これらはリスやネズミ、ガの仲間やゾウムシの仲間などが捕食者となります。

　年によってどんぐりの量を増減させることで、不作の年には捕食者を減らし、豊作の年には捕食者がどんぐりを食べきれずに、結果的にどんぐりが食べられずに芽を出すことができるというものです（捕食者飽食仮説と呼ばれます）。

開花のタイミングを同調させ、一度に一斉に花を咲かせることで効率的に受粉が行なえるなど、必ずしも捕食者に対する防御ではない可能性もあるようです。また、どんぐりの木の種類によって年変動の程度は異なります。

　これらの方法以外にも、食害に反応して葉っぱをまずくしたり食べづらくしたりするものや、新芽など限られた時期の植物を食べる虫対策に芽吹く時期をずらすもの（フェノロジカル・エスケープ）など、目に見えない、見えづらい防御戦略も様々です。動かずにどっしりしているように見える木も、実は多彩な方法を使って外敵から身を守っています。

　街中では街路樹や観葉植物のように「物」のように扱われることの多い木ですが、本来は自然の中で生き抜いてきたれっきとした「生物」なのです。幹から出てくる樹脂や葉っぱの香りから、木の生物としてのポテンシャルを垣間見ることができます。

第 5 章　木も生きている

枝がその方向に伸びている意味

　第 2 章「木が自分を支える構造」で紹介したように、木は様々な方法を駆使して大きな自分の体を支えています。そして、そうまでして高く上に伸びていく理由の一つが、「より多くの光を浴びるため」です。他の植物よりも高いところで葉っぱを広げることができれば、太陽の光をたくさん浴びることができます。ほとんどの植物は光合成によって水や二酸化炭素などから自分の栄養をつくっているので、どんなに土の養分が豊富な場所でも、適度な光を浴びなければ生きることができません。そのため、森の中では多くの植物たちが光を求めて競争しています。

> 他の植物がいない・生きられない環境でのみ暮らしたり、光合成せず菌から栄養をもらって暮らしたりと、競争の少ない環境で生きている植物もいます。

　植物は、ふつう光のある方向に向かって枝葉を伸ばします。窓際で観葉植物を育てていると、窓に向かって枝が伸びていってしまうことがありますが、

それもその性質によるものです。植物たちは常に、自分の成長にとってちょうど良い量の光を求めて枝葉を伸ばしています。

　それを踏まえて観察してみると、木の枝の伸び方が一様ではないことがわかります。ただ高く伸びていくのではなく、光が当たる方へと枝を伸ばしていることが多いはずです。広場の中にぽつんと生えている木など、全方向から光が当たる木は、全方向に同じように枝を伸ばしていきますが、隣に大きい木が生えている場合は、その枝を避けて横から葉っぱを広げられるようにと枝を伸ばしていきます。池のほとりや崖に生えている木などでは、幹をほとんど真横くらいに伸ばしているものも少なくありません。
　クリスマスツリーのようなきれいな円錐形に育つヒマラヤスギも、隣に木があって光が当たらない場合は、そちらには枝を伸ばしません。隣の枝に合わせて枝が欠けたような樹形になります。
　たとえ変な樹形に見えても、その場所においては最もよく光を浴びられる、最適な姿です。状況に応じて臨機応変に枝を伸ばすので、全く同じ枝ぶりの木は一つとしてありません。

全方向から光が当たるので、四方八方に枝葉を伸ばしている。

隣の木の枝を避けるように、横向きに枝を伸ばしている。

本当はきれいな円錐形になるはずが、隣の枝が伸びている分だけ欠けたようになっている（左からきれいな円錐形の様子、隣の枝に合わせ円錐形が欠けた様子の外側、内側）。

　また、森の中で上を見上げると、高い位置にある木の枝同士がほとんど重なり合わず、パズルのように広がっているのがみられることがあります。それぞれの木が光を浴びられる場所を埋めるように枝を伸ばしていった結果です。

　このように枝と枝の間に隙間ができる現象は「クラウンシャイネス」と呼ばれ、隣り合った木の枝先が風などでぶつかってこすれて枯れることで、枝と枝との間に隙間ができたようになるといわれています。

森の中で上を見上げるとパズルのように木の枝葉が組み合わさっていることがある。

5 木も生きている

また、森全体を外側（上や横）から見てみると、いくつもの木の枝葉がひしめき合っている様子がみられます。よく観察すると、それぞれ枝ぶりや葉の色などが違っていて、色々な種類の木々が葉っぱを広げているのがわかるはずです。

> スギやヒノキなどの人工林や、本州の日本海側のブナ林など、森がほとんど同じ樹種で構成される場合もあります。

　このように木々が競争して、より高くより広く枝を伸ばしていった結果できたものが、私たちが森と呼んでいるものです。

森の枝葉をよく見ると、様々な枝ぶりや葉色の木が集まって森ができていることがわかる。

　枝の伸ばし方だけでなく、葉っぱの広げ方も工夫されていることがあります。薄暗い森の中で大きな葉っぱを広げるヤツデという木は、下の方の葉っぱの柄を長く、上の方の柄を短くして、さらに下の方の葉っぱを茎に対して

広い角度でつける（たわむようになる）ことで葉っぱどうしが重なり合わず、効率よく光を受け止められるような広げ方になっています。

光の当たる側から見ると葉っぱが重なり合っていないヤツデ。葉柄の長さやたわみの角度で調整している。

森の中で葉っぱを広げるシナアブラギリ。こちらも葉っぱのつく位置で葉柄の長さが違う。

　また、葉っぱのつくりも光を効率よく受け止められるような工夫がされています。同じ木の中でも、日向にある一番強い光が当たる葉っぱは分厚くて小さく、日陰にあるあまり光が当たらない葉っぱは薄く大きくなることが多いです。

　これらはそれぞれ「陽葉」「陰葉」と呼ばれるもので、陽葉では強い光をなるべくたくさん受け止められるよう分厚い（柵状組織が発達した）葉っぱをしており、逆に陰葉では弱い光をまんべんなく受け止められるように薄く大きい葉っぱをつくっています。

同じ木（トベラ）の、日の当たる箇所（左）と当たらない箇所（右）から採った葉と、それを切ったもの（上が左の、下が右の葉の断面）。肉眼で見てもわかるほど大きさや厚さが違う。

　穏やかに見える森の中では、植物たちの光を巡る競争が常に行なわれています。周りのどの木よりも高く伸びようとするものや、一番高い木の少し下層で枝葉を広げるもの、さらにその下で光を浴びようとするものまで、競争の部門は様々です。

　あちこち自由気ままに枝を伸ばしているように見える木も、その裏には他の木々との熾烈な競争や、光を無駄にしない効率の良さが隠れています。一見へんてこに見える形の木も、きっとその場で生きる上で最適な姿を追い求めていった結果が、その樹形なのでしょう。

> 光は要素の一つで、競争の内容は養水分など、光以外の条件も関わっていると考えられます。また、木の枝ぶりは樹種ごとの違いや、剪定の仕方などによっても変わるので、必ずしも光に理由があるわけではないことには留意しておいてください。

　山でも公園でも、木がたくさんあるところに行くと、それぞれの木々が光を求めて枝葉を伸ばす様子がみられます。それぞれの木の枝が、どうしてそこに伸びたのか。そんな素朴な疑問も、光の当たり具合から想像してみると答えが見つかるかもしれません。

第5章　木も生きている

街路樹の花、見たことありますか?

　植物の名前を質問されて答えるとき、時々「この植物は花が咲きますか?」と聞かれることがあります。多分「鑑賞できるキレイな花が咲くか」という意図の質問が多いと思うのですが、基本的に種をつくる植物であれば花は咲きます。それはみどりを増やすために植えられた街路樹や葉っぱを楽しむ観葉植物などでも同様です。

> 花は被子植物の生殖器官なので、マツやスギ、ソテツなど裸子植物の花のような器官は厳密には花ではありませんが、便宜上花として扱われることが多いです。

　しかし、木としては見るけど花を咲かせている姿は見たことがない、という種類は結構多いのではないでしょうか。たとえば、ケヤキやエノキの木は、街路樹や公園の木として本州などでは当たり前にみられる木ですが、それぞれの花ってどんな形?と聞かれてすぐにイメージできる方はあまり多くないかもしれません。

それもそのはず、どの植物もサクラのように目立つ花を咲かせるわけではなく、普通に歩いていても目につかないような目立たない花を咲かせる植物もたくさん存在しているためです。特に樹木では、ただでさえ目立たない花なのに、高いところで咲くため意識して探してもなかなか見つからないものが多いです。

> それとは別に、特に春〜初夏に咲く木では前年の夏から秋に翌年の花芽をすでにつくっているものが多く、冬の間に剪定されると花芽も切られてしまい、いつまでも花が咲かないことがあります。

　そうした目立たない花の木の多くが咲かせるのは、風で花粉を飛ばす風媒花(ふうばいか)です。街中でもみられる種類では、ケヤキやエノキ、ヤマグワなどの花がそれにあたります。虫や鳥に花粉を運んでもらうために花を目立たせる必要がないので、お世辞にも華やかとはいえないものばかりです。また、花粉を風で飛ばすためには高いところに花を咲かせなければいけないため、低い位置にはあまり花が咲かず、間近ではなかなか観察できないものも多いです。

ケヤキの雄花（左）と雌花（右）。雌花の方が枝先に咲く。

　たとえば街路樹として北から南まで広く植えられるケヤキは、春の芽吹きと同時に花を咲かせます。高いところにつく葉っぱの脇に小さな花を咲かせ、風によって花粉を飛ばします。

エノキの花。高いところで咲くので間近で見る機会は少ない。

エノキの雄しべが弾ける前、後。森の中は風が弱いので、自力で花粉を弾いて飛ばす。

公園などによく生えていて、コンクリートの隙間からも生えることがあるエノキも、開花は芽吹きと同じタイミングです。こちらはただ風で花粉を飛ばすだけではなく、曲がった状態の雄しべがまっすぐになる勢いで花粉を放出する「弾発型」というタイプの風媒花を咲かせます。森の中など、風のあまり通らない場所でも花粉を飛ばすことのできる仕組みです。ケヤキは街路樹としてよく植えられるので、駅前の高い位置にあるデッキ状の通路などから花を観察できることもあるのですが、エノキの花はなかなか見ることができません。

葉っぱが無く風通しの良い芽吹きの時期に花を咲かせる、イヌシデ（左）とクヌギ（右）。

　樹木で風媒花をつけるものは、春先に花を咲かせるものが多いです。木の葉っぱは花粉を飛ばす上で邪魔になるので、落葉樹が芽吹く前の風が通りやすい時期に花が咲くと考えられています。

サワフタギの花。小さな甲虫、ハエやアブがよく集まる。

スイカズラ（左）とアベリア（右）の花。奥にある蜜を吸える細長い口を持ったハナバチやスズメガなどが集まる。

　虫に花粉を運んでもらう虫媒花もよくみられるものの一つです。こちらは花粉を運んでくれる虫が訪れやすいように目立つ花を咲かせるものが多いです。

　それぞれの花の形、付き方は様々で、小さい花をたくさん咲かせるものや、細長い形の花を咲かせるものなど種類によって異なります。そして、それぞれに訪れる虫の種類も違っています。

　一概にはいえない部分もあると思いますが、アベリアやスイカズラのようにラッパ状の花を咲かせるものでは、花の奥まで届く細長い口を持ったハナバチやチョウ、ガの仲間がよく花を訪れ、ミズキやサワフタギのように、花粉や蜜が隠れていない白く小さい花をたくさん咲かせるものでは、ハエやハナアブ、小さい甲虫の仲間など様々な虫が訪れるイメージです。

　他にも、こちらも一概にはいえませんが、ピンクや紫などの花にはハナバチやチョウの仲間、白や黄色の花にはハエやハナアブなど様々な虫が、アオキの花のような紫色の小さい花にはハエの仲間など、花の色によってもよく訪れる虫が異なる傾向があります。

　それぞれ、より良いお客さんに花粉を運んでもらい、受粉の成功率を高められるよう、花の色や形が変わっているのです。

> どんぐりをつけるコナラの花は、風でも花粉が運ばれますが、木の下の方に咲く花の方が虫によって運ばれることが多いかもしれないという研究もあります。

　街中に植えられている木には、園芸用に交配されたり品種改良されたりしたものも多いですが、どれも元をたどれば自然の中で生きていたものです。きっちり決まった条件や時期で花を咲かせ、うまく受粉できれば種を残します。そんな生命の営みが、コンクリートジャングルに植えられている木でも人知れず行なわれているのです。

第 5 章　木も生きている

街路樹の種を
運ぶのは？

　街を歩いていると、植え込みやコンクリートの隙間から木の赤ちゃんが芽生えていることがあります。周りを見渡すと、すぐそばに親であろう木が植えてあることもありますが、近くには親の木が見つからないか、親の木がとても遠くにあることもあります。この木の種は、どこからどのようにして運ばれてきたのでしょうか？

　木には様々な花が咲き、花粉を運んでいることについてお話しましたが、花が咲いたあと受粉がうまくいっていれば、当然果実ができます。花粉を運ぶために色々な方法があるように、種を遠くへ運ぶための方法も木の種類によって様々です。

　たとえば、ケヤキの果実。春に花が咲き、秋になると熟す、粒状のあまり特徴のない果実です。しかし、果実が熟すころになると、果実だけでなく果実のついていた枝や葉っぱごと木から離れ、遠くへ飛んでいきます。枝葉

と一緒に落ちることで、葉っぱを翼代わりにして飛んでいくというわけです。

うまく落ちるとクルクル回りながら落ちていき、滞空時間が長くなります。滞空時間が長くなるとそれだけ風を受けられる確率も上がるので、遠くへ行ける確率が上がるという仕組みです。

街路樹のケヤキもよく果実をつけるので、道ばたの植え込みの土などをよく観察してみると、ケヤキの赤ちゃんが芽生えているのをよく見かけます。

> ケヤキの果実は、枝葉ごと飛んでいくものと、そのまま落ちるものの両方があり、それぞれの散布方法により森の中の様々な場所に定着するといわれています。秋に紅葉せず、葉っぱが茶色くなっているものは枝葉ごと果実が飛んでいきます。

ケヤキの枝先。葉の腋に果実がついていて、枝葉ごと落ちることで遠くへ飛ぶ。

このクルクル回って滞空時間を長くする戦略は他の木でもよく採用されているようで、モミジやアオギリなどの果実では、果実の一部が翼のようになり、落ちるときにクルクル回ります。ボダイジュという木もクルクル回る散布方式ですが、こちらは果実ではなく果実の柄の付け根にある苞葉（ほうよう）という部分がプロペラ代わりになる形です。

左からイロハモミジ、アオギリ、ボダイジュの実。くるくる回る種子散布は様々な樹種で形を変えて採用されている。ボダイジュのプロペラ部分は苞葉。

　ツツジやガクアジサイなどの花木は、手入れの都合上花が終わるとすぐに剪定されてしまうことが多いです。そのため、果実を見る機会はあまり多くありませんが、受粉がうまくいっていればちゃんと結実します。

　ツツジもガクアジサイも果実を割ると種が出てくるのですが、いずれもゴマ粒やケシ粒のような小さい種です。こちらは、風で種を飛ばすのは同じですが、小ささと軽さを活かして風に乗っていきます。

ガクアジサイの果実と、中に入っている種。小さい種が風に乗って飛んでいく。

ツツジの仲間のアセビの果実と、中に入っている種。こちらも種がとても小さい。

しかし、種が小さいということは中に入っている養分も少ないということなので、芽生えの姿もとても小さいです。そのため、芽生えても大きくなるにはとても時間がかかります。

芽生えの姿は葉っぱが小さければ根っこも短いので、十分に大きくなるまでは土が常にある程度湿っていて、なおかつ光合成に必要な一定以上の光が当たる環境が維持されなければいけないのだろうと思います。

結実前に剪定されてしまう事情もさることながら、乾燥しやすい街中では、ツツジやガクアジサイの種が落ちる範囲でその条件を満たす場所がなかなかないようで、植栽のこぼれ種から芽生えたツツジやアジサイを見ることはなかなかありません。

> 三面護岸された川で、隙間から植栽由来とみられるガクアジサイや、同じく種が小さなユキヤナギが時々野生化しています。常に湿っていて光が当たるという点で、意外と適しているのかもしれません。

サクラやハナミズキのように、果肉があり目立つ色をした「果実らしい果実」をつける木も身近な木でよくみられます。果実を鳥などが食べ、フンに混じって種が遠くで排出されるというものです。

これらの果実は、多くの場合果肉に含まれる成分などにより中の種が芽生えるのが抑制されていて、そのまま地面に落ちただけでは発芽ができません。鳥によって消化され、遠くへ運ばれた場合でないと発芽しないという仕組みです。

そのため、食べられずその場に落ちるだけでは芽生えず、親木の近くで小さな芽生えがみられることはあまりありません。目立つ色によって鳥を誘い、果肉という報酬を与えることで遠くへ運んでもらっているのです。

> 赤い色は鳥にとって見えやすく、虫にとって見えづらい色とされており、鳥が種を運ぶ果実は赤色をしているものが多いです。

大きな木の根元など、同じ場所で鳥が運ぶタイプの種の芽生えが複数種類みられることがあり、「ここは鳥のねぐらや休憩場所になっているのかな」と予測がつくこともあります。

> エノキの果実は鳥に食べられるタイプですが、ケヤキのように枝葉ごと果実を落として一度遠くへ飛んでから、鳥に食べられる場合もあるようです。

鳥によって運ばれるシロダモの果実。鳥に見えやすい赤色をしている。

鳥が種を運ぶエノキ、トウネズミモチ、アカメガシワが一か所で芽生えている。この上の枝によく鳥が来るのかもしれない。

　種を運ぶ戦略も、花粉を運ぶ戦略同様その木が自然界で生き抜くために重要なものです。ここにも、街中の木が野生で生きていたころの名残がみられます。街中に生える木はモノとして扱われることが多いですが、木は街中においても自分の子孫を残すためにベストを尽くしています。

> とはいえ、よそから持ち込まれた街路樹の種が街中で芽生えて増えるのは良いことではないので、付き合い方は考える必要があります。

5 木も生きている

第5章　木も生きている

過酷な環境を
生き抜く木

　雨が多い日本では、放っておけば多くの場所で森林ができます。土がむき出しの空き地でも、少し時間が経てば草が生えてきて、徐々にアカメガシワなど明るい場所が好きな木が生えてきて、さらに数十年〜数百年も経てば、大きな木が茂る森林らしい森林になっているでしょう。日本中多くの場所で、木が生い茂る森林を見ることができます。

　では、湿地や高山のような特殊な環境ではどうでしょうか。中には、木にとって過酷な環境だってあるはずです。あまりにも木にとって過酷な環境では、森林ができない場合もありますが、多くの場所で何かしらの木が生育しています。そして、そうした環境で生きている木には、多くの場合過酷な環境を生き抜くための仕組みが備わっているものです。様々な過酷な環境で生きている木と、その生き様についてご紹介します。

岩でできた急斜面からも、たくさんの木が生えている。

コンクリートの壁から生えてきたキリ。

　山を歩いていると、崖のようになっている場所をよく見かけます。岩がむき出しになっているような場所や、ほぼ垂直になっているような切り立った場所も多いです。そんな場所では、根っこを張ることも難しそうに見えますし、そもそも木の種がたどり着くことすら難しそうに思えてしまいます。しかし、そうした崖でも木が生えていることは珍しくありません。

崖から生えている木。ほぼ真横に根っこを伸ばして踏ん張っているのがわかる。

　崖や急斜面に生えている木は、斜め上に成長しつつも、崖の土や岩の隙間に根っこを張って生えています。この根っこがどこに、どれくらい伸びているのかは観察しようがありませんが、写真のように根元部分の土が流れ落ち、露出している様子を見ると、真横に根っこを伸ばし、踏ん張っている様子が

5 木も生きている

わかります。風でも重力でも、種が崖のくぼみなどにたどり着くことさえできれば、その場に適した形に根っこや枝葉を伸ばして成長していくのです。

　強い風も、木の生育にとって脅威となります。強風が枝を折ってしまうのはもちろん、風が常に吹き付けると蒸散が促され、乾燥しやすくなってしまうので、海沿いや山の尾根沿いなど常に強風が吹き付ける環境は、木にとって過酷な環境です。

海沿いに植えられた木。風を受け流すような形になっている。

　写真は海沿いに並んで植えられた木の写真ですが、枝葉が坂のように斜めに広がっています。海から吹き付ける強い風を受け流す形です。
　木が能動的にこの形に成長したというよりは、風によって枝先が枯れたり折れたりして、生き残った枝が成長することで、自然とこの形になったのでしょう。まるで風によって剪定されて、仕立てられたようです。

枝枯れと再生を繰り返すことで、結果的にこの場所で生きるのに最適な形になっています。海沿いでなくても、同じ方向から常に風が吹き付けるような環境では、こうした「風による剪定」がしばしば行なわれています。

強い潮風にさらされる海沿いの最前線では、耐性があっても枯れてしまうことがある。

　また、海沿いの環境の過酷さは強風だけではありません。吹き付ける風は塩分を含む潮風のため、葉っぱの気孔や傷口から塩が入り込み、葉っぱがしおれてしまいます。また、砂浜では砂粒が飛んでくることによるダメージも無視できません。

海沿いの最前線でも高木に育つクロマツ。

海沿いの最前線でみられる低木のトベラ、シャリンバイ。

　しかし、そんな過酷な海沿いでも、その環境を生き抜ける木が生育しています。代表的なものは、マツの仲間のクロマツ。海岸の最前線の環境でも耐えて育ち、かつ高木になる数少ない樹種で、海沿いに広く植えられています。低木では、トベラやシャリンバイ、ウバメガシなどを見かけることが多いです。

　これらに共通することは、葉っぱが分厚くなっているということ。葉っぱ表面のクチクラと呼ばれる部分が分厚く、潮風から身を守る形になっています。

> クロマツなど海沿いに生きる植物の生育には、根っこで共生する菌根菌も大きく関係しているともいわれています。

　これらの樹種が海岸に林をつくり、風を受け止めることで、潮風を防ぐ防風林としても役に立つこともあります。

池に生えるハンノキ。根っこは水没しており、多くの木はこうした環境では生きていけない。

地上に膝根を出すラクウショウ。シュノーケルのように空気を確保する。

池や湿原などの湿地帯も、木にとっては過酷な環境です。何しろ、水があまり動かない池の周りでは酸素が乏しいため、根っこを伸ばしても酸欠になってしまいます。そうした状態が長く続くと、それに対応できない多くの木は生きていくことができません。

　そんな湿地帯の周りには、酸素を上手に確保できる木が生育します。湿地の周りに生えることができるのは、ハンノキなど一部の樹種のみです。

　これらの樹種は、根元の幹を太らせて樹皮に空気の通り道をつくったり、空気の通り道のある根っこを新たにつくったりすることにより、根っこに酸素が供給されるようになっています。

　また、公園の池の周りなどに植栽されるラクウショウという針葉樹は、「膝根(しっこん)」と呼ばれる特殊な根っこが特徴です。根っこの一部が膨らみ、水で満ちた地中から地上に露出するというもので、これによってまるでシュノーケルのように水中に酸素を供給しているといわれています。

> 乾いた場所に植えられたラクウショウでは、膝根はあまり発達しないこともあります。また、膝根は根っこへの酸素の移動を促進するなど補助的な機能を持つ部位かもしれないとも考えられているようです。

　湿地帯に生える木の多くは、地上から酸素を供給するパイプを何らかの方法で準備して、湿地帯の周りに森をつくっています。

> 草本でも、湿地帯に生えるものでは葉っぱや茎が空洞になっていて空気の通り道になっているものが多くみられます。レンコンの穴などが良い例です。

幹からタコの足のように根っこを出すヤエヤマヒルギ。

5　木も生きている

折れ曲がった膝根を地上に出すオヒルギ。　　細い針のような根っこを何本も出すヒルギダマシ。

　南西諸島の河口にみられるマングローブでも、水中から地上に伸びる呼吸根が多くみられます。日本のマングローブでみられる樹木は6種類（加えてもう1種類、ヤシの仲間のニッパヤシ）ですが、それぞれ種類によって呼吸のための根っこの出し方が違っています。

　ヤエヤマヒルギではタコの足のように幹から何本も根っこが出て、オヒルギでは膝のように折れ曲がった膝根が地上に多数出て、ヒルギダマシでは細い針のような根っこが何本も突き出すなど、酸素を確保するという目的は共通していても、その方法は様々です。

　また、マングローブは海に近いため、塩分の多い水が流れていますが、マングローブ植物は塩分が入ってくるのを最小限に抑えたり、塩分を排出したり、体内の一部に塩分をため込んだりと、種類によってそれぞれ違う方法で対策しています。

　マングローブ植物は全てが同じ仲間というわけではなく、ヒルギ科、シクンシ科、キツネノマゴ科、ミソハギ科など様々なグループの樹種が海の近くで生きるための仕組みをそれぞれ発達させています。

激流のそばで育つサツキ。増水時に枝葉が流れにさらされるような場所で暮らしている。

サツキ（左）とよく植えられるヒラドツツジ（右）の葉っぱ。サツキの方が明らかに細い。

街中にもよく植えられるユキヤナギ。葉っぱが細長く、渓流の流れを受け流す形をしている。

街中に植えられるユキヤナギ（左）とサツキ（右）。どちらも本来は渓流沿いで育つ。

5 木も生きている

湿地帯の中でも、渓流沿いなどは別の意味で過酷です。渓流沿いに生えている植物は激しい水の流れにさらされることが多く、大雨の後や雪解けの際には増水して水没します。激しい流れに砂や礫(れき)が一緒に流れてきて、枝葉がちぎれてしまうこともあるでしょう。

　そんな中でも暮らしていけるのは、渓流に適応した一部の植物です。樹木では、公園や道路沿いの植栽でもよく見かけるサツキやユキヤナギなどがそれにあたります。

　かれらの本来のすみかは激しい水の流れる渓流沿い。いずれも細長い形の葉っぱをしていますが、この形で上手に水を受け流しているのです。枝葉がちぎれても再生し、根っこは流されないよう岩の隙間にしっかり張られています。普通の植物が生きられない環境に上手に適応して生きているのです。

　これら渓流植物もマングローブ植物と同様に、ツツジ科、バラ科、ヤナギ科など様々なグループの樹種が渓流で生き抜くための仕組みをそれぞれ発達させています。

> 草本でも渓流植物は多く、ゼンマイやタチツボスミレが渓流に適応したもの（ヤシャゼンマイ、ケイリュウタチツボスミレ）がいたり、まるでコケのように岩にべったり張り付いて水の流れを受け流すグループ（カワゴケソウ科）がいたりと面白いです。

高山には背の低いまま這って育つハイマツが生える。

高山で花畑をつくるチングルマも、膝丈にも満たない背丈だが立派な木。

高山の岩場などに生えるイワヒゲというツツジの仲間。これも木。

　高山地帯も、多くの木にとって過酷な環境です。気温が低いし、秋から春にかけて長い間雪に閉ざされます。風当たりは強く、背を高く伸ばすこともできません。また、根っこを張れる土も少ないことが多いです。実際に、標高が上がって森林限界というラインを超えると、背の低い植物ばかりになり森林はみられなくなります。

　しかし、森林が無いだけで木がいなくなったわけではありません。高山には、背の低い木がたくさん生えているのです。代表的なものはマツの仲間のハイマツ。這うように枝葉を伸ばしながら、少しずつ成長します。その成長は非常に遅く、ある測定結果では1年の枝の伸びが8cm前後だったそうです。

ハイマツ以外にも、高山では膝丈にも満たないほどのまるで草のような木がみられるようになります。高山でかわいらしい花畑をつくるチングルマも、草のような見た目ですが立派な低木です。他にもコケモモやガンコウランなどのツツジの仲間を中心とした低木たちがみられます。岩のくぼみなどにみられるイワヒゲという植物は、とても木とは思えない見た目をしていますが、これも立派なツツジ科の低木です。背を低くしたまま成長することで、風を避けられるし、雪の重みで枝が折れることもなくなるのです。

> 同じ種類の植物でも、高山帯では低く小さくなることがあります。高山帯の風や雪などによる影響と考えられます。

コンクリートの隙間に生えるエノキ。何年もこの場所で生きていると思われる。

　身近なところだと、コンクリートの隙間に生える木も、過酷な環境を生き抜いているといえるでしょう。コンクリートの隙間は、栄養も水分も少ないし、真夏に直射日光が照りつけるとかなり熱くなります。多くの樹木が生きていけなさそうな過酷な環境ですが、一部の樹種ではコンクリートの隙間から芽を出し、人の背丈を超えるくらいに成長することがあります。よく見かけるのは、アカメガシワやエノキ、ケヤキ、ヤマグワなど。コンクリートの隙間を押し広げるように成長し、道路を破壊してしまうものや、何度伐採されても切り株が残り、再び芽を出して復活するものもいます。

　街路樹がつけた種が飛んできたものもあれば、空き地や公園から種が飛

できたであろうもの、家の庭からやってきたものなど由来は様々です。条件
としては、自然界で岩の隙間に根を張って成長するのと案外変わらないのか
もしれません。

　過酷な環境でも、それぞれの環境に合わせて体の形や仕組みを変えて上手
に生きている木が存在します。雨の多い日本であれば、大概の環境には探せ
ば何かしらの木が生えているでしょう。それぞれの木がそれぞれの得意を活
かして、それぞれの環境で生き抜いています。

　そして、他の木が生きられないような過酷な環境で生きていけるというこ
とは、その場所の資源を独り占めできるということに他なりません。他の木
にない技を発達させて生きることが、自然の中で居場所をつくることに繋が
っているのです。

> 特殊な環境で生きることに特化した木は、他の環境では競争に負けるなどして
> 生きていけないことも多いです。

　過酷な環境に生えている木を見かけたら、どのような仕組みでどうやって
生きているのか、ぜひ観察してみてください。

5
木も生きている

第5章　木も生きている

木が死ぬことで循環する命

　森を歩くと、しばしば「木が死んだ姿」を目にします。木が立ったまま枯れたものや、倒れてしまったもの。地面に落ちる枯れ枝や落ち葉も「木の一部が死んだ姿」といって良いでしょう。巨木が枯れて倒れることで、道が塞がってしまうことも少なくありません。これほど巨大な生物が枯れることで、他の生き物たちに与える影響は様々です。

　海では、巨大なクジラが死んで海底に沈むことで、その死骸にたくさんの生き物たちが集まる「鯨骨生物群集」というものがつくられます。栄養の塊であるクジラの死骸が急に出現することで、クジラの死骸の周囲だけに多くの、それも独特な構成種の生き物が集まるのだそうです。

　では、クジラと同じくらい、もしくはそれ以上の大きさであることもある木が枯れると、一体どんな影響が起こるのでしょうか。

木が倒れて、地面に光が当たるようになった様子。これから多くの植物が育つと思われる。

　大きな木が倒れると、今まで太陽の光を受け取っていた多くの枝葉も一緒に倒れます。つまり、今まで暗かった林床（林内の地面）に光が差し込むようになるのです。すると、どうなるでしょうか。

森の中には、大木が倒れるのを待つ木の赤ちゃんがたくさん存在している。

写真の稚樹のうち一本の年輪。5mm程度の太さだが5歳になっていた。

　林床が暗い間は、前生稚樹と呼ばれる小さな木の赤ちゃんが細々と暮らしています。

| 赤ちゃんといいつつ、小さいままで何年も生きている場合もあります。

空を覆う木々の枝葉から漏れてくる光を頼りに光合成して、なんとか生き

ているような状態です。また、アカメガシワやヌルデなど暗い場所では育つことができない木の種が、土の中で休眠している場合もあります。

　大きな木が枯れて倒れることでそれらに光が当たるようになり、かろうじて生きていた小さな前生稚樹たちや、土の中に種の形で眠っていた木々は一気に成長します。今まで一本の木が独占していた「光」という資源が急に平等に降り注ぐことで、それらをめぐった木々の競争が始まるのです。

　これは山奥の成熟した森の中だけでなく、都市部の樹林地や大きな公園で木が伐採されたときにもみられることがあります。木が一本枯れることで、その周りの景色も一変してしまうのが、木が死ぬことの影響の一つです。

　また、根元から木が倒れると、周囲の木々を破壊するだけでなく根っこ部分の土が大きくえぐれて、池になることがあります。

　いずれ埋まってしまう一時的な池ではありますが、すぐに小さなゲンゴロウ類などが泳ぐ場所になります。大きな敵や競争するライバルがいないせいか、そうした環境を好む生き物たちは案外多いようです。こちらも森の中でなくても、台風の後の河川敷などでは都市部でもみられることがあります。

　もちろん、クジラの死骸と同様に、枯れた木の体は多くの生き物の餌になります。ただ、木の幹などは分解するのが難しいので、それをそのまま食べられる生き物は多くはありません。

大きなヤナギの木が倒れて、根元に池ができた様子。こうした場所を好む生き物も多い。

カミキリムシなどによって食べられた木。幹の中にたくさんのトンネルが掘られている。

枯れ木の上で産卵場所を探すタマムシ。幼虫が枯れ木を食べる。

街中の木でも、枯れると様々なキノコに分解される。

　しかし、キノコをはじめ、カミキリムシやシロアリなど様々な生き物が木の死骸を食べ、それらの生き物を食べる肉食性や菌食性の生き物なども集まり、枯れ木は様々な生き物で賑わいます。

　枯れたばかりの木を食べるものや、枯れてから少し時間が経った木を食べるもの、それらの生き物たちを食べるもの、さらにはそれらの生き物がつくった隙間を隠れ家にするもの。一本の枯れ木の中にやってくる生き物たちを数え始めるとキリがありません。枯れてボロボロになった木を冬に崩してみると、樹皮の隙間、虫が掘ったトンネルの中などを上手に利用して、本当に多くの生き物たちが暮らしているのがわかります。

| 枯れ木は限られた資源なので、崩すのは最低限にしましょう。

切り倒された木を土台に新たな木が生えている（倒木更新）。

幹の中心部が腐ったものを栄養に、新たな木が育っている。

　そして、木が分解されつくすと、それらは別の植物が育つ栄養になります。多くの生き物たちに枯れ木が食べられて、そのフンや死骸も分解されることで、再びそれが木の栄養になるのです。

　何も木が一本まるごと枯れなくても、自分が落とした落ち葉や枯れ枝などが分解されて、自分の栄養として再利用されることもあります。枯れた木（あるいはその一部分）が地面に落ち、それが分解されて再び木の栄養となることで、森の中で栄養が循環しているのです。

| 都市公園などでは、落ち葉が掃除されて土がむき出しになり、この循環が絶たれてしまっている場合もあります。

　木が倒れて光が当たるにしろ、分解された枯れ木が再び土の栄養になるにしろ、木が死ぬことは木が新たに育つことに繋がります。そのサイクルの中に、小さな虫やキノコなど、他の生き物たちも組み込まれています。木は死してなお、様々な生き物たちに影響を与えているのです。

　これらはクジラの死骸のようななかなか人目につきづらいものではなく、都会の公園でもみられるありふれた光景です。木という巨大生物が織りなす命の循環を、ぜひ観察してみてください。

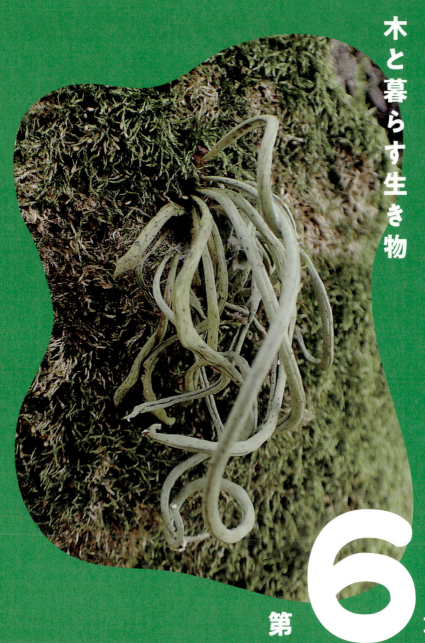

第6章 木と暮らす生き物

第 6 章　木と暮らす生き物

木が作り出す、小さな生き物たちの世界

　古くから、人は木を利用して暮らしてきました。木の実や樹脂はもちろん、今でも多く建てられる木造建築は、木の幹の木部（導管や仮導管、繊維などの集まり）を使って作られています。ちょっと変ないい方をすれば、「死んだ木の体を加工して組み立てたもの」を住処にして現在でも多くの人が暮らしているわけです。

　それほどまでに木の体というのは、丈夫で巨大で、利用しやすいものです。そして、木の体を利用して暮らしているのは人間だけではありません。

　たとえば、街路樹でよく植えられるケヤキなど一部の樹種では、大きくなると樹皮がポロポロと剥がれてきます。樹皮を見ると、剥がれた痕だけでなく剥がれかけの樹皮もあり、そこにはちょっとした隙間ができます。このちょっとした隙間が、小さな生き物たちの住処になるのです。

街中にも多いケヤキ。成長すると樹皮が剥がれる。

　冬にこの樹皮をめくってみると、めくれた樹皮の中にある小さな凸凹に体を沿わせて、小さな昆虫やクモ、ダニなどが冬越しをしています。米粒よりも小さいような生き物ばかりですが、同じ木の中でもみられる種類はかなり豊富です。

　僕が一度ケヤキの木を調べたところ、街中に生えるたった一本のケヤキから、コケや地衣類も合わせて20種類以上の生き物が見つかったことがあります。生き物が潜り込む隙間のできやすいケヤキの木には多くの生き物が生息しているようで、樹皮の隙間にフィットする平べったい体をしたカニグモやエビグモの仲間、体長4mmにも満たないムツボシテントウやウスキホシテントウのような小さなテントウムシ、ケヤキの葉っぱを食べるヤノナミガタチビタマムシなど、毎年冬になると同じ種類の生き物たちが集まってきます。僕が調べられるのは手の届く範囲だけなので、木全体ではさらに多くの生き物が暮らしていることでしょう。

一本のケヤキの樹皮にみられた生き物たち。他にも様々な生き物がケヤキの樹皮で暮らす。

　ケヤキ以外でも、ヒノキやマツ類、トウカエデなど樹皮が剥がれる種類の木は多く、それぞれの隙間で小さな生き物たちがみられます。樹皮の形や環境が異なるためか、木の種類ごとにみられる生き物が微妙に違っています。

　また、住処になるのは樹皮だけではありません。木の枝や根が枯れてできた穴、樹洞（木のうろ）を住処にするものも多いです。樹洞で暮らすムササビや、子育てをするシジュウカラ、冬越しをするツキノワグマなど、丈夫で雨風をしのげる樹洞は、鳥や哺乳類など比較的大きな生き物たちにとってとても良い住処になります。

　他にも、樹洞に溜まった木のフレークを食べて育つハナムグリの仲間や、樹洞にできた水溜まりで育つカの仲間など、樹洞が無いと生きていけない虫も少なくありません。

　変わったところだと、木の根元の陰になっている部分に雨風が当たらない砂地ができて、そこでアリジゴク（ウスバカゲロウの幼虫）が巣をつくっていることもあります。木を住処にしているのとはちょっと違いますが、そこに木がなければ生きていけなかったことには違いありません。

　葉っぱや樹皮を食べるなど木に害を与えるわけでもなく、ただそこに木が生えているからこそ暮らしていける生き物たちは数多く存在しています。

木に空いた大きな樹洞。中にオカダンゴムシなどが住んでいる。

木の根元の雨が当たらない部分に、アリジゴクが巣をつくっている。

　p.190「木を食べる色々な生き物たち」のページで詳しくご紹介しますが、木を食べながら住処にもしている生き物は非常に多いです。これらを紹介していくとキリがありませんが、葉、花、実、種、内樹皮、木部、根など、木の体には利用できる部位が色々とあり、その分たくさんの生き物たちがいます。

　さらに、樹皮の隙間など木の体を住処にする生き物や、それらの生き物を捕食する生き物がいると考えると、木の体には途方もない数の生き物が暮らしていることがわかるかと思います。

一生のほとんどを木で暮らすヤマトタマムシ。

　成虫は木の高いところでエノキなどの葉っぱを食べて暮らし、幼虫は枯れた木の幹を食べるヤマトタマムシなど、一生のほとんどを木で暮らす生き物も少なくありません。

クスノキの葉裏のダニ室。拡大すると（右）ダニらしきものが見える。

　少し変わったところでは、葉っぱのくぼみを住処にしている生き物もいます。クスノキやホルトノキなど一部の木の葉っぱには、「ダニ室」というダニ専用の部屋があります。葉っぱの裏面の、葉脈の腋の部分にごく小さなくぼみや膜などができて、そこを顕微鏡などで拡大すると小さなダニが暮らしているのです。

ダニ室の役割についてはまだわかっていないことも多いようなのですが、「肉食性や菌食性のダニを住まわせて、敵を退治してもらう」「木にとってあまり害のないダニを住まわせて肉食性のダニの餌とし、天敵にやられないように常駐してもらう」などの役割が考えられています。

> ダニ室は様々な植物でつくられ、形も様々なので、その役割は一様ではないかもしれません。

人目につかない、木の高い場所で暮らしている生き物は少なからずいて、昆虫の場合、木の一番上の部分（樹冠部）には多くの昆虫が暮らしているとされます。

木はその大きさゆえに、人間たちがほとんど目にすることのできない「雲の上の世界」ならぬ「木の上の世界」をつくっているのです。

> 熱帯アメリカで、ある一本の木で捕れる昆虫を調べたところ、およそ1200種類もの甲虫類が見つかったという結果があります。

ファンタジーの世界では、巨大なカメや竜の背中に草木が生え、生態系ができているような描写を見ることがあります。そこまで巨大なものでなくても、木がそこに一本生えているだけで、そこは様々な生き物たちの住処になります。

それは何も山奥に佇む巨木に限らず、街中に植えられた街路樹や公園の木でも同様です。木を食べる生き物がいればそれを食べる生き物も集まってくるので、一本の木の樹皮上で小さな生き物たちが食う食われるの関係を築いていることも少なからずあります。家の近くに生える木の幹や葉っぱをじっくり見てみたら、今まで見つからなかった小さな木の住人たちが見つかるかもしれません。

第6章　木と暮らす生き物

木に乗っかって暮らす植物たち

　木の幹や枝を使って暮らしている小さな動物（虫など）について紹介しましたが、植物たちにも木の上で育つものがいます。かれらは「着生植物」と呼ばれ、地面に生える植物たちとはちょっと違う、変わった生態をしています。

　着生植物は、読んで字の如く「着いて生きる植物」です。岩石や木の幹などの表面に根を張って暮らしています。場所を借りているだけで、くっついている木から栄養をもらっているわけではありません。あくまで生活の場として木の幹や枝などを使っているため、基本的に樹皮の凸凹などに根っこや茎を這わせて育つイメージです。

　　ヤドリギやオオバヤドリギなどの仲間も木の上に生えますが、これらは場所を借りるだけでなく、枝や幹の中に根を伸ばし養水分を奪って自分で光合成も行なう「半寄生植物」です。

木の幹に着生するノキシノブ類（左）とマメヅタ（右）。

　着生生活をするのは限られた一部のグループだけでなく、シダ植物やランの仲間やサボテンの仲間など様々な植物が着生という生き方をしています。野外で最も身近にみられるのは、細長い葉っぱと裏につく丸い胞子嚢群が特徴的なノキシノブの仲間でしょうか。地域によっては、丸い葉っぱをびっしりつけるマメヅタなどもよくみられるかもしれません。コケ植物も木の幹でよくみられますが、木の幹と地面の上では種類が違っていることが多いです。

> 贈答用の花として用いられる胡蝶蘭や、苔玉に使われるシノブなども本来は着生植物です。

　木にくっついて生きる変わった生態を持つ着生植物ですが、その暮らしはなかなかにシビアです。何せ土と比べて樹皮には水を留めておく力があまりありません。そのため、着生植物には乾燥に耐える力が必要になります。たとえば着生するランの仲間では簡単には乾燥しないスポンジ状の組織に覆われた根っこや、水を蓄えておける肉厚の葉っぱ、偽球茎（バルブ）と呼ばれる水を蓄える器官が発達するものが多いです。シダ植物のノキシノブの仲間は、雨が降らない日が続くと葉っぱを丸めて乾燥に耐えます。

> 空中湿度が高く乾きづらい環境では、着生植物の数や種数が多くなります。

　また、樹皮の隙間には当然土が無いか少ないので、養分を確保するのも大変です。水も養分も乏しいですが、限られた資源を使って少しずつ成長して

いきます。シビアな環境ではありますが、木の上では植物同士の競争が少なく、周りの植物たちより高く茎を伸ばさなくても、光を得ることができるという利点があるのでしょう。様々な植物たちが、木の上で暮らすという進化を遂げています。

　これらの着生植物たちは地上の土の上でみられることはほとんどなく、木の上で暮らすことに特化しています。

> 木の幹という限られた環境で育つ着生植物には、見つかりづらい種類も多いです。そうした植物を見に行く際は、双眼鏡を片手に膨大なノキシノブ類やマメヅタの中から目的の植物を探すことになります。

葉っぱを丸めて乾燥に耐えるノキシノブ類。

肉厚の根っこで木にしがみつきつつ、根っこで光合成もするクモラン（左）。葉っぱの付け根にある丸い偽球茎に水分を貯めるムギラン（右）。

また、本来着生植物ではないのに、木が大きすぎる故に「着生植物扱い」されてしまう場合もあります。下の写真はエノキの大きな木から生えているトウネズミモチです。普通、トウネズミモチは地面に生え、成長すると10m以上になる木です。着生して暮らすことに特化した形や生態はしていません。

　しかし、エノキの太枝が枯れた部分がやがて腐って土のようになり、そこに鳥がフンをしたことで、エノキの幹にトウネズミモチが芽生えてきてしまったようです。地面に生えているものより成長が遅く、花を咲かせてもいないのであまり良い環境ではないようですが、僕が見る限り少なくとも6年はこの状態で暮らしています。

　このような状態になることは、大きなうろのある木や、枝分かれの又の部分に土や腐った幹が溜まっている木ではそう珍しいものではなく、たとえば屋久島の大きなスギの木には、本来着生しない植物が何種類もくっついて暮らしています。

　木の幹の上で暮らす植物たちは、たまたま木の上で芽生えてしまったものもいれば、木の幹の上でしかみられないものもいて、意外にも奥が深いです。身近にみられる種類も多いので、木の上で暮らす虫などの動物と一緒に、ぜひ探してみてください。

エノキの幹に着生するトウネズミモチ（写真中央、葉が残っている木）。

屋久島の大きなスギに着生したヤクシマシャクナゲ。屋久島はその気候も相まって着生植物が多い。

第6章　木と暮らす生き物

キノコや目に見えない菌が森をつくる

　木は、いうまでもなく非常に大きな生き物です。水や二酸化炭素などから光合成ができるとはいえ、成長のためには土に含まれる窒素やリンなどの養分も必要になります。10mを超えるような大きさに育つまでに、たくさんの養分が必要になるでしょう。さて、その養分はどのようにして確保するのでしょうか？

　今では考えられませんが、現代のように石油などの化石燃料が使われるようになる前は、山に生えている木は薪にするために何度も伐採され、落ち葉や下草は畑の肥料にするために片っ端から持ち去られていて、土は栄養がとても少なかったそうです。

　現代でも、とても栄養の無さそうな砂浜に大きなクロマツが育っている様子がみられますし、空き地やコンクリートの隙間など、あまり栄養が無さそうな場所に芽生えたヤマグワやアカメガシワなどの木が、3年もかからない

うちに人の背丈を超えるほどの大きさに成長します。

　一体どうして、木は栄養の無さそうな条件でも大きく育つことができるのでしょうか？

植木鉢を突き破り、アスファルトの隙間に根を張るエノキ。こんな環境でどうしてこんなに大きくなれる？

　それには様々な要素が関わっていて、環境や樹種などによる違いもあるため、一言でいい表すのは難しいでしょう。しかし、その中には、「菌類」が少なからず関わっていることが多いです。私たちの目にはなかなか見えない、木と菌の密接な関係性を紹介したいと思います。

　ここでいう「菌類」とは、カビやキノコなどの仲間をイメージしてもらえれば問題ありません。大腸菌や乳酸菌などの細菌（バクテリア）や、粘菌（変形菌）などは違うグループのものです。

> 私たちがよく目にするキノコは、菌が胞子を飛ばすための姿で、本体は菌糸と呼ばれる目に見えないくらい細い糸のような姿です。

　菌の中でも、特に「菌根菌」と呼ばれる菌たちは、植物の根っこにくっついて共生し、密接な関係を築いています。菌根菌は植物の根っこにくっついて共生している菌の総称で、キノコをつくるものから、キノコをつくらず肉

眼ではなかなか見えない小さなものまで様々なものが含まれています。

> マメ科やカバノキ科などの植物につく根粒菌はまた別のもので、こちらは細菌（バクテリア）にあたります。

菌根菌は植物の根っこにとりつき、植物の根っこより細い菌糸を伸ばし、植物の根っこより効率よく養分や水分を吸収することができるというものです。その代わりに植物は光合成でつくった養分を菌根菌に渡して、ギブ＆テイクの関係性ができています。

菌根菌は樹木に限らず草本、コケやシダなど多くの植物と共生していて、種をつくる植物では80％以上と共生関係にあるとされています。特に樹木では、ほとんどの種類が何かしらの菌根菌と共生しているといわれるほどです。私達の目につかない、もしくは目に見えないだけで、植物たちの根っこには菌根菌が当たり前にくっついています。

> ヒユ科、アブラナ科、カヤツリグサ科などの植物は、菌根をあまりつくらないといわれています。

共生する菌のグループや共生の仕方も様々で、樹木にみられるものの多くは、アーバスキュラー菌根、外生菌根、エリコイド菌根と呼ばれるものです。

そのうち、最も多くの植物と共生しているのはアーバスキュラー菌根です。しかし、これはとても細くて小さいので、肉眼で手軽に観察することはなかなかできません。植物の根っこの細胞の中に入り込み、栄養のやり取りをしています。よくイメージされるカビやキノコとは異なり、植物の根っこに菌糸の姿でとりつき、土の中などに小さな胞子を残します。肉眼ではなかなか見えませんが、最も普遍的に植物と共生しているものです。

> エリコイド菌根はツツジ科植物の根につき、酸性の土など厳しい環境で植物が育つのを助けているといわれています。

身近な場所で比較的観察しやすいのは、外生菌根と呼ばれるタイプのもの。クヌギやコナラ、シラカシなどブナ科のどんぐりの木や、アカマツやクロマ

ツなどのマツ科植物など、共生できる種数はアーバスキュラー菌根に比べてかなり少ないですが、多くが木になる植物と共生します。こちらはアーバスキュラー菌根とは異なり、キノコをつくるものが多いです。

> マツタケやトリュフ、ポルチーニなど、食用になるキノコにも外生菌根をつくるものがあります。

外生菌根がつく木の根っこを掘り出してみると、根っこの先が太く丸っこく、まるでカバーをつけているかのような姿になっていることがあります。これが外生菌根による菌鞘（きんしょう）と呼ばれるもので、菌根が共生している証拠です。こうした菌根菌たちが、植物の根っこの先からさらに菌糸を伸ばし、たくさんの水や養分を集めています。

シラカシ（どんぐりの木）の根っこについた外生菌根。

クロマツの根っこについた外生菌根。

また、菌根は根っこを拡張するだけの単なるアタッチメントではありません。菌根同士が繋がることにより、ネットワークができることがあります。

たとえば、外生菌根をつくる樹木では、周りに外生菌根をつくった親株がいると、種から芽生えた幼木がすでにできた菌根にアクセスすることができ、定着しやすくなるといわれています。そうした性質などにより、外生菌根をつくる木は同じ種類からなる森をつくることが多いようです。

> 一方、アーバスキュラー菌根をつくる樹種では、親株の近くに病原菌などが蓄積し、幼木が育ちにくいという逆の現象が起こる場合もあるといわれています。菌根と樹木の関係は必ずしも「家族同士で助け合う」ような単純なものではないのかもしれません。

　菌根を利用して、他の種類の植物が育つこともあります。森の中に生えるランの仲間や、光合成をしないギンリョウソウなどの植物は、菌から栄養をもらって暮らしています。

> ランの仲間では自分で光合成もしつつ菌から栄養をもらうものと自分で光合成をしないものとがいます。

　これらの植物に栄養を提供する菌の中には、ランやギンリョウソウなどとは別に、元々他の樹木と共生関係を結んでいるものが少なくありません。つまり、そうした菌を利用する植物の中では「木が光合成でつくった栄養を、菌根を経由してランやギンリョウソウがもらっている」という構図ができあがっているのです。菌根による複雑な関係性によって、森の中の様々な生き物たちの暮らしがつくられています。

菌根を通じて木から栄養を分けてもらうキンラン（左）とギンリョウソウ（右）。

　私たちが何気なく見ている地面の中には、目に見えない菌根菌の菌糸がびっしり張り巡らされているかもしれません。それは自然豊かな森に限らず、

街中の公園などでも同様です。目に見えないそれらの影響によって、生える植物の種類や成長スピードが変わって森の景観が変えられているかもしれません。これは、きっとはるか昔から当たり前のように続けられてきたことです。

| 植物が陸に上がった4億年ほど昔から菌根共生は存在したと考えられています。

　目に見えない生き物たちが木を何mにも大きくするのに役立っていたり、豊かで巨大な森を形作ったりしているのに一役買っていると考えると、なんだかわくわくしませんか？

第6章　木と暮らす生き物

木を食べる
色々な生き物たち

　ここまで、木と一緒に暮らしている生き物を紹介してきました。これらの生き物は、木に害を与えないものや、逆に利益を与えるものも多いです。
　しかし、街中で身近に見かける木も、本来は自然の中で生きている生き物。体が非常に大きく、枝や葉、花や実、幹や根といったように食べられるパーツも多種多様です。そのため、他の生き物に体を食べられるなどして害を与えられることは少なくありません。
　特に街路樹や公園の木では同じ種類のものが近くに植えられることが多く、その木につく特定の病害虫が大量に発生してしまうこともあります。
　どれだけ害を与えるかは病害虫の種類によって様々ですが、身体が大きく利用する箇所の多い木には、多くの病害虫が発生します。
　それらは木の健康を保ったり、美観を維持したりするために防除されることも多い生き物ですが、様々な生き物たちが様々な方法で木という資源を利

用している様子は、見ていて関心してしまうことも多いです。

街中でみられる木の病気や害虫について、よくみられるものをピックアップしてご紹介します。

病気

木はしばしば病気にかかります。病気を起こす生物は菌（カビやキノコ）、細菌、ウイルスなど様々です。生物由来ではなくても、養分の欠乏など生理的な要因、気候や排気ガスなどの要因で傷害が発生したり、病気のような状態になったりする場合もあります。生物由来の場合、多くはそれぞれの生き物が木に寄生して生きた細胞を食べることで樹木に害を与えます。

そんな中で、病気の原因として最も多いのがカビのような菌類です。菌類には菌根菌として根っこに住み着き、木と共生関係を営んでいるものも少なくありませんが、病気を引き起こす種類も多いです。葉っぱ、幹、根まで菌の種類によって様々な場所で病気を引き起こします。

(左から) シラカシの葉に発生したうどんこ病、エノキに発生したエノキ裏うどんこ病、エノキ裏うどんこ病の胞子が入った子嚢殻という殻。

葉っぱにでる病気では、葉面が白く粉を吹いたようになる「うどんこ病」がよくみられます。基本的には植物に寄生しないと生きていられず、葉っぱの細胞を生かしたまま栄養を奪い取る暮らしをする菌です。寄生する植物の種類によって菌の種類も変わり、ずっと自分の分身を作り続けて増えるものや胞子によって繁殖するものなど様々です。

公園やコンクリートの隙間などでよく見かけるエノキには、菌が主に表につく「エノキうどんこ病」と裏側につく「エノキ裏うどんこ病」が発生します。他にも、ハナミズキやアジサイ、生け垣のマサキなどにも似たような見た目のうどんこ病がよく発生しています。

（左から）それぞれレッドロビンに発生したごま色斑点病、ソメイヨシノに発生した穿孔褐斑病（右2枚）。

（左から）アオキに発生した炭疽病、サツキに発生したツツジ類もち病。

カキノキに発生した角斑落葉病。拡大すると、斑点の中に繁殖のための分生子（自分のクローンとなるもの）がつくられている。

他にも、葉っぱに斑点ができるものはカビによる病気であることが多いです。生け垣によく使われるレッドロビン（カナメモチの園芸品種）には、葉っぱに灰色っぽい斑点ができる「ごま色斑点病」という病気がよく発生します。

　サクラの葉っぱに小さな虫食いのような穴が空いていることがありますが、これも「穿孔褐斑病」というれっきとしたカビによる病気です。最初は茶色い斑点ができて、そこが切り落とされるように穴になります。

　ちょっと変わったものでは、葉っぱがまるで餅のように肥大する「もち病」という病気があります。これも菌による病気で、ツバキやツツジなどでみられるものです。

藻類によってできるタイサンボクの白藻病。拡大するとカビによる病気とは様子が違う。

　他にも、葉っぱにカビではなく藻が生えることもあります。「白藻病」と呼ばれるもので、タイサンボクやツバキなどの日陰の葉っぱに、白っぽい藻が生えるものです。

ソメイヨシノに発生したサクラ類てんぐ巣病。枝が一か所からまとまって生える。

街路樹の根元から発生したベッコウタケ。木の死んだ組織を腐らせる腐朽菌だが、生きた組織にも攻撃することがある。

　葉っぱの病気は斑点などで見た目に症状が現れるので見つけやすいですが、枝や幹、根っこにも病気が発生することがあります。よく植えられるサクラのソメイヨシノには、「サクラ類てんぐ巣病」という病気がよく発生します。カビによる病気で、枝のある一箇所から細かい枝がまるで鳥の巣のように密集して伸びるものです。都会よりもやや郊外のソメイヨシノに発生することが多く、密集した枝に花は咲きません。

　また、街路樹などの幹や根元から直接キノコが生えていることがあります。これらのキノコは、幹の中心の古い部分（心材）を腐らせるものと新しい部分（辺材）を腐らせるものがあり、心材を腐らせるものは一部の種類を除き木の健康を損なうことはありませんが、辺材を腐らせるキノコは幹を部分的に枯らしてしまう場合があります。ただし、生きている木につくキノコは心材を腐らせるものが多いです。

海沿いの森などで、マツだけが大量に枯れていることがある。マツ枯れによって枯れたものと思われる。

　また、被害の大きいものとしては、線虫が引き起こす「マツ材線虫病（マツ枯れ）」と呼ばれる病気があります。アカマツやクロマツなどのマツの木にマツノザイセンチュウという長さ1mmほどの線虫が侵入し、繁殖することで1年経たないほどの短期間で枯らしてしまうという病気です。

　マツノザイセンチュウは北米大陸から来た外来種といわれていますが、そのマツノザイセンチュウを運ぶのは、マツノマダラカミキリという日本在来のカミキリムシ。

　マツノマダラカミキリが元気なマツの枝葉を食べると、カミキリの体内に潜んでいたマツノザイセンチュウがそこから樹体内に侵入して繁殖します。やがてマツノザイセンチュウが繁殖して樹体内で広がることによって、マツは徐々に弱っていきます。

　マツノマダラカミキリは弱ったり枯れたりしたマツなどを食べて幼虫が育つので、マツノザイセンチュウによってマツが弱るか枯れるかしたところで卵を産みに来ます。やがてマツは枯れ、新しく羽化したマツノマダラカミキリの体内にマツノザイセンチュウが侵入、新天地を目指すというサイクルです。

> マツノザイセンチュウによってマツが枯れる仕組みはわかっていないこともあるようですが、侵入したマツノザイセンチュウに対してマツの防御反応が過敏に発動することで起こるのではないかといわれています。

マツノザイセンチュウと同じ北米大陸原産のマツはマツノザイセンチュウへの耐性が高く、枯れづらいものが多いといわれているのですが、日本のマツにはあまり耐性がありません。そのため、マツノザイセンチュウに感染すると枯れてしまうマツが多いようです。実際に、海岸のマツ林などでマツが大量に枯れているのをよく見かけます。

本来なら遠く離れた場所で暮らしていた相性抜群（最悪？）の線虫とカミキリムシが日本で出会ってしまったことにより、たくさんのマツが枯れてしまっているのです。

> 世界三大樹木病害として、「クリ胴枯病」「ニレ立枯病」「五葉マツ類発疹さび病」という病気がありますが、いずれも別の地域から病原菌が持ち込まれたことによって猛威を奮ったといわれています（一部諸説あり）。

ナラ枯れによって枯れたと思われる木。

ナラ枯れを引き起こす菌を運ぶカシノナガキクイムシ。爪楊枝ほどの太さしかない虫が大きなどんぐりの木を枯らしてしまう。

カシノナガキクイムシのメスが菌を運ぶための菌のう（マイカンギア）。

カシノナガキクイムシが幹に穿入したコナラ。集団で穿入するので、大量の木くずが出る。

　マツ枯れに加えて、「ブナ科樹木萎凋病（ナラ枯れ）」という病気も問題になっています。カシノナガキクイムシという爪楊枝程度の太さの虫がクヌギやコナラなどのどんぐりの木の幹に大量に入り込み、中にトンネルを掘ることで、一緒に運ばれた菌によってたちまち枯れてしまうというものです。

　カシノナガキクイムシは「養菌性キクイムシ」と呼ばれるものの一つで、メスの背中にくっついて運ばれる菌を木の幹に掘ったトンネル内で育て、それを自身や幼虫の餌にするという、まるで農耕をするような変わった生態をしています。

カシノナガキクイムシのメスの背中には「菌のう（マイカンギア）」と呼ばれる窪みがあり、そこに菌を入れて運びます。他にも鳴き声で交尾相手を認識するなど、被害の大きい害虫ではありますが面白い特徴があります。

　ふつう、木の幹にカビが侵入するためには樹皮や幹内部の硬い細胞を突破しなくてはいけませんが、カシノナガキクイムシがトンネルを掘ってくれるおかげで、幹の中で素早く菌が繁殖します。それにより、大きなどんぐりの木が一年も経たない短期間で枯れてしまうのです。

細菌によるヤマモモこぶ病と思われるもの。　ウイルスによるアオキ輪紋病と思われるもの。

　菌の他には、細菌やウイルスが病気を引き起こすことがあります。いずれも一度かかったら完全に治療するのが難しいものが多いです。
　ヤマモモの幹に小さなコブがたくさんできる「ヤマモモこぶ病」などは、細菌が引き起こすものです。他にも、サクラにできるこぶ病など、枝や幹にこぶができる病気には細菌が関わっているものがいくつかあります。
　ウイルス病は葉っぱの表面に境目のはっきりしない病斑ができるものや、葉脈が白く抜けるような色になるものなどがよくみられ、アオキ（アオキ輪紋病）やジンチョウゲ（ジンチョウゲモザイク病）などで発生します。

ファイトプラズマに感染して小さくまとまったポインセチア（左）と、本来の姿のポインセチア（右）。

　また、クリスマスの時期に花屋さんに並ぶポインセチアは、その多くが細菌による病気にかかったものです。というのも、本来は普通の木のように育つポインセチアにファイトプラズマという細菌の仲間を感染させると、小さい枝が密集して育つようになり、小さくまとまった株になります。わざと病気にかけることで、観賞価値を高めているのです。

害 虫

　木の身体は大きいので、当然様々な虫がそれを食べようとします。木を食べる虫も種類が多く、葉っぱを食べる虫の中でもかじって食べるもの、汁を吸うもの、葉っぱを作り変えて住処兼食べ物にするものなど様々です。そうした多様な虫たちが、葉っぱ、枝や幹、根っこなど様々な部位を様々な方法で食べています。

> 虫の特性や食べ方など、大きなグループ（～の仲間）で紹介していますが、例外があるものも少なくないのでご了承ください。

グンバイムシの仲間に吸われてかすり模様になったヒラドツツジ。葉裏には黒いフンもついている。

ハダニの仲間。集団で葉っぱの汁を吸う。

葉っぱの汁を吸うグンバイムシの仲間。変わった形をしている。

　葉っぱには、ハダニ、グンバイムシ、ヨコバイの仲間などの虫たちが葉っぱの汁を吸いにやってきます。葉っぱの中身の美味しいところだけ吸い取るので、吸われた葉っぱは白いかすり模様になるのが特徴です。

葉っぱの葉脈の部分に陣取ったカメノコロウムシ。

同じく汁を吸うカイガラムシの仲間は、葉っぱの葉脈や枝の部分に陣取って汁を吸うことが多いです。ルビーロウムシやカメノコロウムシ、イセリアカイガラムシなどがよくみられますが、ルビーロウムシやカメノコロウムシのメス成虫などは脚がなくなり、まるで枝についたイボのような姿で汁を吸います。

　同じく葉っぱの汁を吸うアブラムシの仲間にも様々なものがいますが、柔らかい新芽の汁を吸うものがよくみられ、たくさんつくと新芽がシワシワになることが多いです。

ガの仲間のモッコクハマキと思われるものの巣。葉っぱを綴り合せている。

　葉っぱの汁を吸う虫がいるなら、当然葉っぱをかじる虫もいます。チョウやガの幼虫などはその代表選手で、みられる種類も様々です。集団で集まって葉っぱを食べるものや、糸で大きな巣をつくるもの、葉っぱをつづり合わせて隠れ家を作るものもいます。他にも、コガネムシの仲間やゾウムシの仲間、ハムシの仲間、ハバチの仲間など葉っぱをかじる虫の種類は様々です。種類によっては、一本の木で大発生して葉っぱを食べ尽くしてしまうようなものもあります。

ニレハムシによって葉っぱを食べ尽くされてしまったアキニレ。

葉っぱの中身だけ食べられている様子。字を書くように食べ進んでいく。

　葉っぱの外側の部分（クチクラ）は硬くて美味しくないので、一部の虫では中の美味しいところだけ食べてしまいます。「絵描き虫」「リーフマイナー」などと呼ばれる、ハエやハチ、ゾウムシなどの仲間たちです。葉っぱの内側を食べながら掘り進み、その中で成長します。葉っぱの美味しいところだけ食べられることに加え、葉っぱが自分のすみかにもなる方法です。

どちらもタマバエの仲間によってできた虫こぶ。

どちらもタマバチの仲間によってできた虫こぶ。

フシダニの仲間によってできた虫こぶ。

　虫の種類によっては、葉っぱの形を作り変えてしまうものもいます。「虫こぶ」と呼ばれるもので、ハエ、ハチ、アブラムシ、ダニなど様々な生き物が、その種類によって違った形の虫こぶを作ります。できた虫こぶは、自身の食料にもなるし安全な隠れ家にもなる、まるでお菓子の家状態です。

カミキリムシの仲間の幼虫が食べ進んだと思われるトンネル。

カミキリムシの仲間が樹皮のすぐ下を食べてしまったので、トンネルに沿って樹皮が枯れてしまったムクノキ。

　枝や幹を食べる虫に多いのは、カミキリムシやタマムシ、キクイムシの仲間など。元気な木に穴をあけて食べるものもいれば、弱った木や枯れたばかりの木を食べるもの、完全に枯れ木となった木を食べるものなど種類によって暮らしは様々です。カミキリムシの仲間は植木などでもよくみられ、イモムシ型の幼虫が幹の中を掘り進み、時々樹皮に空けた小さな穴からフラス（木くずとフンが混ざったもの）を出しながら成長します。

　木の幹は基本的に分解しづらいのですが、生きた木につくものでは、光合成によりつくられた栄養が流れてくる内樹皮（師管の部分）や形成層など、比較的栄養のある樹皮のすぐ内側を食べるものが多いです。

> 木材を食べる虫の仲間には乾燥などで環境条件が悪くなると、長い年月をかけて少しずつ成長する暮らしに切り替えられるものがいて、家の梁やこけしなどからそれらの虫が出てくることがあるそうです。長いものだと、51歳のタマムシの仲間の幼虫が発見されたことがあります。

　また、木に害を与えるのは何も虫だけではありません。鳥たちの中には咲く前のサクラやウメの花芽を食べるものもいますし、カワウなどが木の上にコロニーをつくることで、大量のフンによって木が枯れることもあります。

　シカが多い山では、シカの口が届く範囲の木の枝葉や幼木が下草と一緒に食べ尽くされ、地面がむき出しになっていることも少なくありません。

> 近年、増えすぎたシカにより植物が食べ尽くされたり、シカが好まない植物ばかりになったりして、森の中の景色がどんどん変わってしまっています。

また、クマやシカが樹皮を剥いで、甘い内樹皮や形成層をかじることがあります。山を歩いていると、樹皮がベロンと剥がされた木を見ることも多いです。

ケヤキについたヤドリギ（左）とツバキについたオオバヤドリギ（右）。自分で光合成もしながら、根付いた木の養水分をもらう。

木が木から栄養分を奪っている場合もあります。ヤドリギやオオバヤドリギなどの仲間は、自身が木でありながら、木の枝などにくっついて生活する植物です。普通このような木の幹につく植物は、幹の表面に根を張るだけで害を与えることはありません（着生植物）が、ヤドリギたちは木の幹の内部まで根っこを食い込ませ、木が根っこから吸い上げる養水分を奪ってしまうのです。これらの植物は半寄生植物といわれ、養水分を奪いつつ、自分たちでも光合成を行なって育ちます。また、基本的には宿主の木を枯らすことはありません。

しかし、木が何十年もかけて幹を高く太くし、高いところに枝を伸ばした恩恵に軽々あやかり、根っこから吸い上げた養水分まで奪ってしまうのは、なんともしたたかだと思ってしまいます。

木は、その大きさゆえに様々な生き物に狙われています。食べられる部位も様々で、木の種類や部位ごとにつく虫や菌の種類も変わるので、木を食べる生き物の種類は本当に膨大です。それぞれの生き物たちが、美味しい部分、美味しい時期の木だけを食べたり、葉っぱの形を作り変えたりと、木を食べるために様々な特徴を発達させてきました。それに対抗して、木も様々な手段で防御を行ないます。さらに、木を食べようとする生き物を食べようとする生き物もいて、木の中で複雑な関係性がつくられます。

　これはきっと、ずっと大昔から続けられてきた関係性です。木とそれにつく生き物たちを観察することで、その長い関係性の一端を感じ取れるのならば、それはとても素晴らしいことではないでしょうか。

　都会に植えられた街路樹でも、様々な生き物たちがどうにかして木の体を栄養にしようと、手を変え品を変え、木に攻撃しています。ぜひ、連綿と続けられてきた木と他の生き物たちとの関係性を観察してみてください。

第7章 身近な木の図鑑と木のもろもろ

ケヤキ

落葉 / 高木

国内の自生分布	本州～九州
栽培用途	街路樹、公園樹など
開花	春
結実	秋

街路樹としてよく植えられています。竹ぼうきをひっくり返したような樹形が特徴です。よく探すと周りの植え込みに種からの芽生えが生えていて、認識するとかなり身近にいることがわかる木です。また、山の沢沿いなどにもよく自生しています。果実と一緒に落ちる枝（特徴2）は葉っぱが紅葉しませんが、それ以外の葉っぱは秋になると赤〜オレンジ〜黄色と様々な色に染まります。

見分け方など

卵型の葉っぱで、縁のギザギザ（鋸歯）が途中で少し膨らんで、キュッと絞るように細くなっているのが特徴です。この形の鋸歯を持つ木は他にあまりないように思います。

特徴1

大きくなると樹皮が剥がれるようになり、その隙間に小さな虫たちが冬を越しに集まります。

特徴2

果実のついた枝先が葉っぱごと落ちることで、葉っぱを翼代わりに種が遠くへ飛んでいきます。

エノキ

落葉 / 高木

国内の自生分布	本州～沖縄
栽培用途	公園樹など。昔は一里塚などに植えられた。
開花	春
結実	秋

植栽として植えられることは少ないですが、公園などに元々生えていたと思われるものがよくみられます。コンクリートの隙間などからもよく芽生えるので、街中でよくみられる木です。オオムラサキやテングチョウなど、いろいろな虫が葉っぱを食べに集まります。樹皮はすべすべしていて、太枝の付け根などに小ジワがみられるのが特徴です。果実は高いところにできますが、干し柿のような味がしておいしいです。

見分け方など

葉っぱは左右非対称で、葉脈がカーブを描きます。縁のギザギザ（鋸歯）は半分から先につきますが、幼木では付け根付近までつくものも多いです。

特徴1

春に花が咲き、おしべが弾ける勢いで花粉を風に乗せ、散布します。

特徴2

果実は鳥が食べて種を運びますが、ケヤキのように葉っぱごと枝先を落とし、風に乗っていくこともあります。

アカメガシワ

落葉／高木

国内の自生分布 本州～沖縄
栽培用途 意図して植栽されることはほとんどない。
開花 初夏　**結実** 秋

明るい場所に真っ先に生えてくる木の一つです。植栽として植えられることはほとんどありませんが、コンクリートの隙間などからもよく生えるため、街中でもよくみられます。明るい環境になるまで種が土の中で休眠する性質があるので、木が伐採されて明るくなった場所などでもみることが多いです。成長が速く、環境が良いと2～3年もあれば人の背丈を超えるほどに成長し、さらに育つと10mを超えることもあります。

見分け方など

名前の通り、新芽には赤い毛が密生します。葉っぱの形に変異はありますが、深く切れ込むことはありません。葉っぱの付け根や縁に蜜の出る小さな点（花外蜜腺）があります。

特徴1

新芽に密生する赤い毛は、紫外線や外敵から小さな葉っぱを守っているとされています。

特徴2

花外蜜腺の他に、新芽には食物体と呼ばれる栄養の塊があり、これらにアリが集まることで外敵から身を守ります。

コブシ

落葉／高木

国内の自生分布 北海道～九州
栽培用途 公園樹、街路樹など
開花 春　**結実** 秋

大きい花が美しく、近い仲間のハクモクレンなどとともに街なかによく植えられる木です。被子植物（針葉樹などの裸子植物を除いた、種をつくる植物）の中では比較的原始的な特徴を持っているとされています。春先に白い花を咲かせ、とても良い匂いがするのが特徴です。花びらを揉んでも良い香りがして、たまにヒヨドリなどが齧りに来ます。

見分け方など

葉っぱの一番幅広い箇所はふつう先端寄りで、表面は葉脈が凹んでシワのようになります。花の付け根に小さな葉っぱがつくなども特徴的です。

特徴1

おしべやめしべがらせん状に並ぶのは、原始的な被子植物によくみられる特徴です。

特徴2

冬芽はフサフサの毛に覆われます。

ソメイヨシノ

落葉／高木

- 国内の自生分布　無し
- 栽培用途　街路樹、公園樹など
- 開花　春　　結実　初夏（結実しないことが多い）

全国的に植えられている桜の園芸品種です。日本に自生する桜のエドヒガンとオオシマザクラを掛け合わせてできたと考えられており、苗はすべて接ぎ木などでつくられた同じ遺伝子を持つクローンです。そのため、基本的には同じ環境なら同じように開花し、同じように病気にかかります。また、ソメイヨシノ同士で受粉しても実をつけませんが、他の自生する桜と交雑して実をつけてしまうことが問題になっています。

見分け方など

桜には無数の園芸品種があるため確実に見分けるのは難しいですが、葉の表には毛が無く、葉柄や冬芽などに毛が生えるのが特徴です。葉が芽吹く前に開花し、がくに毛が多いです。

特徴1

すべて同じ遺伝子を持っているので、どの個体も害を受けやすい病害虫が同じです（写真はサクラ類てんぐ巣病）。

特徴2

ソメイヨシノ同士では結実しませんが、他の桜が近くに生えていると結実することがあります。

カイヅカイブキ

常緑／高木

- 国内の自生分布　無し（原種のイブキは本州～沖縄）
- 栽培用途　公園樹、生垣、庭木など
- 開花　春　　結実　翌年の秋

ヒノキ科のイブキという木から改良された園芸品種です。炎のような樹形をしていて、庭や公園などに植えられることが多いです。この仲間は変わった形の枝葉をしていますが、よく観察すると小さいうろこ状の葉っぱが圧着して規則正しくついているのがわかります。成長するとかなり大きくなり、庭園などではかなり立派なものがみられることもあります。

見分け方など

うろこ状の葉っぱが圧着しますが、強剪定されると針状の葉っぱが出ることがあります。近縁種との見分けポイントは、枝が幹に巻き付くように伸びてできる炎のような樹形。

特徴1

枝にはうろこ状の葉っぱが圧着しており、取り除くと本当の枝はとても細いのがわかります。

特徴2

春になると枝先にとても小さな雄花と雌花が咲きます（写真は雌花）。

| 落葉 |
| 高木 |

イチョウ

- 国内の自生分布 無し（中国原産とされる）
- 栽培用途 街路樹、公園樹など
- 開花 春　結実 秋

イチョウの仲間は遥か昔、恐竜がいたジュラ紀から白亜紀のころに栄えたとされていて、今ではイチョウただ一種のみが生き残っています。街路樹や公園などごく普通に植えられるので身近な木に思えますが、イチョウ型の葉っぱ、二又に分かれる葉脈など、他に似た特徴を持つ木はありません。どこでもみられますが、唯一無二の特徴を持っています。

見分け方など

他に似たものはないので見分けに迷うことはありません。根元から生えたひこばえでは、葉っぱの切れ込みが大きくなるものがみられます。

特徴1

葉脈をよく見ると、二又に分かれています。これはシダ植物など起源の古い植物にもよくみられる特徴です。

特徴2

大きくなった株の幹が垂れ下がることがあり、「乳」と呼ばれます。地面に到達すると、根っこや芽が生えます。

| 半常緑 |
| 低木 |

サツキ

- 国内の自生分布 本州〜沖縄
- 栽培用途 公園樹、生垣、庭木など
- 開花 初夏　結実 秋〜冬

ツツジの仲間で、名前の通り5月ごろから花が咲き始めるのが特徴です。街中や公園に普通に植えられますが、本来は激しく流れる渓流の岩の隙間などに自生する木です。他のツツジより細長い葉っぱは、流れる水を受け流すのに役立ちます。他の多くの植物が生きられない激しい渓流沿いを、岩の隙間にしっかり根を張って生きています。

見分け方など

葉っぱは細長く小さく、まばらに毛が生えています。開花は他の多くのツツジよりも遅く、5月ごろから咲きます。

特徴1

自生地の渓流では、流されないよう岩の隙間にしっかり根を這わせています。

特徴2

栽培の歴史は古く、様々な園芸品種がつくられています。

| 常緑 小低木 | ヤブコウジ |

国内の自生分布	本州〜九州
栽培用途	庭木など
開花	初夏〜夏
結実	秋

林床などに生えるとても背の低い木です。高さは10cm程度ですが、木本とされます。一本一本の幹が大きくなるのではなく、地下茎から広がって地面を覆うように成長します。明るい場所よりは、暗い森の中でひっそり成長しているのを見かけることが多いです。秋から冬にかけて、赤い果実をつけます。

見分け方など

縁のギザギザ（鋸歯）は細かく、あまり目立ちません。1つの幹につける葉っぱの数は2〜4枚ほどと少ないです。背は高くならず、地下茎で繁殖します。

特徴1

できてから1年以上経った幹の断面を見ると、年輪がつくられています。

特徴2

果実が特徴的ですが、夏に咲く花もかわいらしいです。

| 常緑 高木 | シュロ（厳密には木ではない） |

国内の自生分布	九州
栽培用途	庭木など
開花	春〜初夏
結実	秋

九州などに自生するヤシの仲間です。比較的寒さに強いため、植栽などから野生化したものが南東北くらいまでみられます。葉柄の付け根付近が裂けて毛のようになり、幹が毛に覆われたようになるのが特徴です。木のようにも見えますが、一度できた幹はそれ以上太くならないので厳密には木本ではありません（本によっては木として扱っていることも多いです）。どんどん上に伸びていき、5m以上になることもあります。

見分け方など

葉は大きく、深く切れ込みます。よく似たトウジュロは、葉の先が垂れ下がりません。葉柄の断面は三角形です。

特徴1

葉柄の付け根が裂けて毛のようになり、幹を覆います。隣の葉っぱの毛と重なって、規則正しく交差します。

特徴2

幹の断面には年輪がありません。

第 7 章　身近な木の図鑑と木のもろもろ

木と草の境界線は？

　SNS上や観察会に参加してくれる方たちから、「木と草ってどう違うの？」という質問をされることが時々あります。たしかに、植物の種類や特徴を調べていると、「人の背より大きい、まるで木のような草」や「丈が10cmくらいしかない、まるで草のような木」というものに当たることが少なくありません。図鑑も、木の図鑑と草の図鑑で分かれているものが多いです。その境界線は一体どこにあるのでしょうか。

　木（木本植物）は、「多年生で、茎の維管束内にある形成層の活動によって二次肥大成長を行ない、木部組織の発達をするもの」のことをいいます（平凡社『日本の野生植物 木本』より）。「二次肥大成長」というのは平たくいえば「年々太っていく」というようなことで、形成層により茎の細胞が新たに分裂し、太くなっていくというものです。

　つまり、地面から伸びた枝葉が何年も生きても、茎が肥大成長せずに太さがそのままなら木とはいえません。その逆も然りで、どれだけ小さくても茎が年々肥大成長して木部が発達するならそれは木です。分類によって決めら

れるものではないので、「○○科と○○科が木」ということもなく、木や草が混在しているグループも多いです。スミレ科に属す木もあれば、ミカン科に属す草もあります。

　この定義に当てはめると、人の背より高くなっても冬には枯れてしまうヒマワリや、大きくなっても茎が二次肥大成長しないバナナは草だし、人の膝丈より背が低いけど1年ごとに少しずつ太っていくヤブコウジなどは木ということになります。それ以外の「木のような大きい草」や「草のように小さい木」でも同様です。

　また、木の図鑑に載っていることが多いヤシやタケも、どちらも多年生ではありますが、茎が形成層による二次肥大成長をせず太さは変わらないため、厳密にいえば木ではありません。

大きいと2m以上になる一年草のシロザの茎断面。二次肥大成長をしないので年輪はできない。

ヤシの仲間のシュロの幹断面。年輪ができない。

膝丈にも満たない高さのヤブコウジの茎断面。1年以上たった茎は、二次肥大成長して年輪ができている。

　しかし、「それじゃあヤシやタケは草なんだ！」といわれると何か違う気もしますよね。実際に、定義に当てはまらないだけで他の背が高くなる木と似た暮らしをしている部分もあるため、これらを便宜上木として扱う場合もあります。「どちらともいえないもの」くらいに捉えておくのが良いかもしれません。

　個人的には、何が木で何が草かを細かく追求することにはあまり意味がないとも思っています。種類によっては「普通は木として扱われるけど寒い地方では冬に枯れるから草として生活する」というものもあったりして、キッチリ線引きするのは意外と難しいです。

　生き物を相手にする以上例外はいくらでも出てくるので、こうした用語は話をわかりやすくするための便利な道具くらいに考えておくのが良いかもしれません。

第 7 章　身近な木の図鑑と木のもろもろ

木を切るのは悪いこと?

　SNSなどで、木が伐採されたことに対する批判の声を目にすることがあります。木は長生きな生き物で、身近な場所にも植えられているので愛着が湧きやすく、切られると悲しい気持ちになってしまいますよね。また、一見元気な木なのになぜか切られてしまうこともあります。
　しかし、何の理由もなく木が切られてしまうということは意外と少なく、多くの場合、何かしらの事情があります。

> もちろん、木を愛する人たちの気持ちを無視した伐採が行なわれる場合があることもあるだろうとは思います。時には、適切な診断がなされずに切られることもないとはいえません。

幹の中身が腐ってボロボロになっていた木。必ずしも腐っている＝危険木というわけではないが、こうした木は街なかにもありふれていて、その状態は外見や木の健康からはわからないことが多い。

　たとえば街路樹や公園の木が切られてしまう場合、よくあるのは幹の内部が腐っていて倒れる危険があるケースです。p.52「体を食べ尽くされても、至って健康なワケ」で説明したように、ある程度成長した木の幹の内側は基本的に死んだ組織なので、幹の中心部（心材）を腐らせるキノコがついた場合、一部の種類を除けば基本的に木の健康とは関係なく腐朽（ふきゅう）は進みます。

　葉っぱが茂っていて元気に見える街路樹などが切られてしまうのは、多くがこの理由ではないかと思います。また、おそらく根元部分が腐っている木を、「腐っていて倒木の危険がある」として伐採したものの、腐朽部分の少し上で伐採されたことで腐った部分が断面に現れず、「切ったのに腐っていなかったじゃないか！」と批判されているのも見たことがあります。

　木の幹の腐朽は街中に木を植える上で無視できない要素の一つで、もし倒れた幹や落ちた大枝が人や物に当たったら、どうなるかは想像に難くありません。もし重大な事故でも起ころうものなら、安全のためにと周囲の木が全て伐採されてしまう可能性すらあります。

街中に植えられる木では、頻繁な剪定や人に踏まれてできた傷などから菌が侵入し、幹内部が腐朽しているものが意外にも多いです。木を切らずに残すことは大事なことですが、危険だと判断された木を伐採するのは、人が暮らす街中で木を管理するうえで必要なことだと思います。

> しかし、腐っているから即伐採ではなく、それをどうにか維持できないか考えるというのも大切なことです。

　また、木を切るか否か判断するうえで、できることなら切りたくないと考える人も多いのではないかと思います。私も一端(いっぱし)の樹木医なので時々木を診断することがあ

幹が腐って折れてしまった木。こんな巨大なものが人や物に当たったらどうなるかは想像に難くない。

りますが、腐朽する力の強いキノコが幹から出ていたとき、どうしようかといつも悩みます。どれくらい危険性があるか詳細に診断してから処置を決めるのですが、できることなら切りたくないと思っています。

　樹木医に関していうと、上司にいわれて仕方なく資格を取った、という方も多少はいますが、一般に難関といわれる試験のために一生懸命勉強しているはずなので、どなたも多かれ少なかれ木への興味はあるはずです。

　少なくとも樹木医の中では、（林業の収穫など必要な伐採を除けば）木を切りたくて切っているという方はあまりいないのではないでしょうか。

　そこまでするなら街中に木なんて植えなければ良いのではないか、と思

う方もいるかもしれませんが、街中の木には様々な役割が期待されています。木陰や蒸散により暑さを緩和する役割、防風や火事の際の避難経路、景観をつくる役割など、街中の木の役割は様々です。それらの機能を発揮するためにも、危険な木や、やむを得ない事情のある木は適切に伐採する必要があると考えます。

第7章 身近な木の図鑑と木のもろもろ

木の枝にできる謎の模様

サクラの樹皮。横に伸びる皮目がある。

ケヤキの樹皮。不規則に剥がれる。

コナラの樹皮。縦筋が入る。

　木の幹を観察していると、いろいろな模様を見かけます。縦に筋が通ったものや、ツヤツヤして点々模様があるもの、樹皮が剥がれて水玉模様になっているものなど、樹種によって様々です。

　サクラの若木などにみられる横一列の点々模様は、「皮目（ひもく）」という空気の通り道です。樹皮が剥がれるタイプの木では、幹が太くなるにつれて押し出された樹皮が徐々に剥がれてきますが、種類ごとに剥がれ方がある程度決まっています。ジグソーパズルのようになるものや、横向きに剥がれるものまで様々です。樹皮がツルツルの木でも、よく見るとところどころにシワのような横筋が入っているなど、それぞれ個性があります。

　人や虫による傷跡（きずあと）が残っていることもあり、木の枝を剪定された痕（あと）や、虫に産卵された痕、それぞれの傷跡を塞いだ痕などがみられることも多いです。

7　身近な木の図鑑と木のもろもろ

ユズリハの枝にできる丸い模様。

　そんな中、ユズリハなど一部の樹種では、枝の表面に丸い模様が点々と見つかることがあります。いくつも並んでいて、木の枝を切った痕や、それを塞いだ痕でもなさそうな感じです。さて、一体これはなんでしょうか？

　実はこれ、「葉っぱのついていた痕が引き伸ばされたもの」です。葉っぱが落葉すると、葉っぱがついていた部分の痕（葉痕）ができます。点々模様のようなものは通っていた維管束の痕で、種類によっては人や哺乳類の顔のようにも見えることから、冬の植物観察の定番になっています。枝が若くて細いときについていた葉っぱが落ち、その後成長して枝が太くなるのに合わせてグーッと押し広げられ、このような模様になるのです。実際に、枝の模様と枝先の葉痕を見比べてみると、同じ形をしているのがわかります。

ユズリハの葉痕。

枝の付け根に向かっていくほど、枝が太くなるのに合わせて葉痕が引き延ばされて薄くなっていく。

　さて、この模様のあったところには葉っぱがついていたわけですが、葉っぱの付け根の部分には基本的に新しい芽ができます。しかし、そこから芽吹いた痕はありません。おそらく、ここにはまだ芽吹いていない芽が眠っているのでしょう。もしこの枝が途中で切られたら、この模様のどこかから新しい芽が出てくるはずです。

　樹皮の模様は樹種や個体によって様々ですが、それができるためには何かしらの成り立ちがあります。樹皮の模様がどのようにできたのか想像すると、新たな発見があるかもしれません。

第7章 身近な木の図鑑と木のもろもろ

木と木を
合体させる技術

　この木は、都内の公園に植えられたごく普通の木です。しかし、よく観察するとちょっと変なところがあります。

細長い楕円形の葉っぱと、幅広い卵型の2種類の葉っぱがあります。別々の木が隣り合って植えられているのかと思いきや、根本を見ると同じところから幹が出ています。しかし、樹皮はそれぞれ違った様子です。

同じ木から細長い葉っぱと卵型の葉っぱが生える。樹皮の様子も違うが、同じ場所から生えている。

　植物の見分けにチャレンジしたことのある方なら、一度は「同じ種類なのに全然違う姿」というものに悩まされたことがあるかと思います。これは葉っぱどころか樹皮も違う様子。植物の見分けというのはこんなにも難しいのでしょうか？

　…と、このあたりで種明かしをしておくと、これは「別々の種類の木を一つに合体させたもの」です。「接ぎ木」という技術で、ある種類の木の切り株に切れ込みを入れ、その切れ込みに合わせて切った近縁種の枝を挿してテープで巻いておくと、うまくいけば合体して一つの苗になるというものです。

　これにより、品種の特性を維持したまま苗を増やしたり、挿し木や種で殖やすのが難しい木の苗を殖やすことができたり、「土の病気に強い品種」と「良い特性を持っているが土の病気に弱い品種」を合体させたりできます。

　　ミカンやサクラの苗木もこの方法で殖やすものが多いです。

　写真の木では、卵型の葉っぱは「ライラック（ムラサキハシドイ）」というモクセイ科の樹木で、楕円形の葉っぱは「イボタノキ」という同じくモクセイ科の樹木です。ライラックの苗木を殖やしたいときは、イボタノキの切り

株(台木)にライラックの枝(穂木)を挿して苗木をつくることが多いのですが、切り株だったイボタノキが根元から芽吹いてきてしまい、同じ木から二種類の枝葉が伸びるという状態になってしまったようです。

　これは他の接ぎ木でつくられた木でも起こることで、ミカンの苗の根元から台木のカラタチの枝が伸びてきたり、ソメイヨシノの根元から台木のオオシマザクラが伸びてきたりします。

> 「台勝ち」という現象で、ライラックは接ぎ木苗の中でも頻繁にこの現象が起こるように思います。

大きく育った立派なソメイヨシノ。根元から左右に太い幹が伸び、それぞれに違う冬芽をつける。

左の幹につく冬芽（左）と、右の幹につく冬芽（右）。左の冬芽には毛が生え、右の冬芽には生えていない。

　こちらは立派なソメイヨシノの木です。根元から左右に太い幹が伸びていますが、左側の幹の枝の冬芽には毛が生え、右側の幹の枝の冬芽には毛が生えていません。おそらく右側の幹はオオシマザクラ（もしくは台木に使用された別の桜）で、接ぎ木苗の台木から芽吹いてしまったものだと思われます。

　自然界でも木の幹同士が合体して一つになることがありますが、この性質を人間が利用して技術として確立したのが接ぎ木です。もしかしたら、街中に植えられている木でも、よく観察したら幹につく枝葉と根元から伸びる枝葉では別々の姿をしたものがあるかもしれません。

おわりに

　あなたの今いる場所から、最も近くに生えている木は何でしょうか?

　家の庭に植えてあるミカンの木でしょうか。カフェの窓から見える街路樹のプラタナスでしょうか。すぐ隣にある観葉植物のパキラだという人もいるかもしれません。

　いずれにせよ、日本に住んでいるならよほど変わった環境でない限り、身近な場所に何かしらの木がみられるはずです。日本は雨が多いので、放っておけば街中のコンクリートの隙間からも木が生えてきて、何メートルにも大きくなります。

　この本をここまで読んでくれているあなたには、そうした木々をぜひじっくり観察してみてほしいのです。街中に植えられた木の多くはよそから持ってきて植えたものだし、人によって改良された園芸品種であることも多いので、自然とはいえないだろうと思います。

　しかし、そうした木も今を生きる一つの生き物であることには変わりありません。そこには、何かしらの生きる仕組みがみられるはずです。そうした木々の生き様を、あなた

の目で観察してみてください。

> 木に愛着が湧くと木を切るのがかわいそうに思えてきますが、街中で木を維持する以上、利便性や安全性など色々な視点からある程度の管理は必ずしなければいけません。僕も木が大好きですが、必要なときには枝をバツバツ剪定するし、伐採することもあります。

　僕は植物の「計り知れなさ」が好きです。細胞レベルで人間と全く違った体のつくりを持ち、太陽の力で炭素を固定するなんて離れ技（光合成）を駆使して生きていて、それでいて数多ある種類によって生き方や得意技が違うなんて、あらためて考えると意味がわからないくらいすごい生き物じゃないですか?

　特に木は、その見上げるしかない大きな体を光合成によってつくりあげて、進化によって得た様々な仕組みを使って維持しているという部分で、計り知れなさを感じられます。木が感情を持っているような擬人化された姿で紹介されるのもイメージしやすくて良いかもしれませんが、僕は木の魅力は人間とかけ離れたところにあると思っています。人間の物差しでは推し量れない不思議な生き物が人間のいる街中で当たり前に暮らしているところが、とても素敵で不思議なところです。

幸いにも、日本には非常に多くの木がいたるところに生えています。街中や公園でも多くの木を観察できるし、物足りなければ山にでも行けばもっとたくさんの木がみられるでしょう。

　もしこの本を読んで関心したことが一つでもあれば、そうした実物の木を実際に観察して、本の内容と照らし合わせてみてください。そうして納得したり想像したりして楽しむことで、知識を活かしていってほしいです。

　せっかくこれだけの木が身近に生えているのだから、ただ字を読んで頭に入れるだけでなく、実際に観察してそれらを面白いと思えた方が絶対に楽しいですよね。実物の観察を繰り返すことで、そこから新たな疑問や興味が湧いてきて、どんどん木を好きになっていってほしいです。

　もし観察していてわからないことや知りたいことがあったら、ぜひ他の色々な資料も探してみてください。専門家の方々が書いた素晴らしい本や論文がいくつもあるので、きっとこの本だけではわからなかった疑問の答えも見つかるだろうと思います。

　また、わからなければ自由に想像したり推理したりする

のも楽しいです。そうして想像や推理したことは、詳しい方からすれば鼻で笑われてしまうようなこともあるかもしれませんが、頭で思い描くのは自由です。間違っていても全く問題ありません。

もしかしたら答えのないことかもしれないし、まだ誰も気づいていない木の秘密に繋がっているかもしれません。

そうしているうちに木についての理解や愛情が深まり、生き物としての木を好きな人が一人でも増えてくれたら、著者としてこれ以上嬉しいことはありません。

最後に、遅筆な僕の原稿を辛抱強く待ってくれた元ベレ出版の永瀬さん、永瀬さんから引き継いで本を仕上げてくれたベレ出版の坂東さん、本書を作るにあたりたくさん参考にさせていただいた書籍や論文を書かれた全ての方々に深く御礼を申し上げます。

索引

あ	
アーバスキュラー菌根	186
アオキ	65、149、192、198
アオギリ	152
アオキ輪紋病	198
アオスジアゲハ	133
アカマツ	45、96、186、195
アカメガシワ	134、155、156、166、170、184、209
アキニレ	201
アコウ	126
アジサイ	192
アセビ	153
圧縮あて材	29
あて材	29、110
アブラムシ	64、201
アベリア	149
アリ	134
アリジゴク	176
イセリアカイガラムシ	201
イチジク	126
イチョウ	18、125、211
イヌシデ	148
イヌビワ	49
イヌブナ	121
イブキ	210
イボタノキ	225
イラガ類	60、66
イロハモミジ	68、153
イワヒゲ	166
陰葉	143
ウイルス	198
ウスキホシテントウ	175
ウスバカゲロウ	176
うどんこ病	191
ウバメガシ	160
ウメ	204
ウメノキゴケ	71
ウルシ	136
うろ	39、176、183
絵描き虫	202
エドヒガン	210
エノキ	45、90、146、155、166、183、185、191、208
エノキうどんこ病	192
エノキ裏うどんこ病	65、191

エビグモ	175
エリコイド菌根	186
オーキシン	122
オオシマザクラ	210、226
オオバヤドリギ	180、205
オカダンゴムシ	177
オニシバリ	16
オヒルギ	162

か	
ガ	64、137、149、201
カイガラムシ	201
外樹皮	12
外生菌根	186
カイヅカイブキ	210
花外蜜腺	209
カキノキ	65、192
ガクアジサイ	153、154
角斑落葉病	192
カシノナガキクイムシ	197
ガジュマル	126、136
カシ類	137
カシ類紫かび病	65
カナメモチ	193
カニグモ	175
カミキリムシ	35、66、73、86、171、204
カメノコロウムシ	201
蒲生の大クス	19
カラタチ	226
カラマツ	96
カワウ	204
カワゴケソウ科	164
皮焼け	77
環孔材	13
ガンコウラン	166
幹焼け	37、77
偽球茎	181
キクイムシ	204
気根	126
蟻道	73
偽年輪	105
キリ	157
菌こぶ	64
菌根菌	185
菌鞘	187
菌のう	198
キンラン	188
ギンリョウソウ	188
菌類	185

クスノキ	19、21、67、111、133、178
クチナシ	29
クヌギ	64、68、90、148、186、197
クマ	35、77、106、205
クモラン	182
クラウンシャイネス	141
クリ胴枯病	196
クロマツ	96、160、184、186、195
グンバイムシ	63、200
ケアリ	72
鯨骨生物群集	168
形成層	12、37、53、103、204、213
ケイリュウタチツボスミレ	164
ケヤキ	18、21、52、72、107、108、131、146、151、166、174、205、208、220
ゲンゴロウ	170
甲虫	149、179
コガネムシ	201
コケ	71、181
コケモモ	166
コスカシバ	73
胡蝶蘭	181
コナラ	68、150、186、197、221
コフキタケ	54、70
コフキタケ類	194
コブシ	209
こぶ病	198
ごま色斑点病	193
五葉マツ類発疹さび病	196
コルク形成層	12、221
根圧	15
根冠	13
根毛	13
根粒菌	186

さ	
細菌	185、198
サイトカイニン	122
サキシマスオウノキ	48
サクラ	20、73、125、134、154、193、198、204、221
サクラ類てんぐ巣病	194、210
挿し木	23、128、225
サツキ	164、192、211
サルスベリ	76
サワフタギ	148
散孔材	13
サンゴジュハムシ	66

シカ	35、77、106、204
シジュウカラ	176
シダレザクラ	29
膝根	161
シナアブラギリ	143
子嚢殻	191
シノブ	181
師部	12
絞め殺しの木	126
シャリンバイ	160
柔細胞	12、53、136
樹冠	13、179
樹脂	36、73、135
樹洞	176
樹皮	12、103
樹皮剥ぎ	77
樹皮焼け	77
寿命	23
シュロ	212、215
障害周皮	36
食物体	134、209
シラカシ	63、65、186、191
シロアリ	73、171
シロザ	214
シロダモ	132、155
白藻病	193
心材	12、53
真珠体	134
ジンチョウゲ	198
ジンチョウゲモザイク病	198
髄	12
スイカズラ	149
スギ	19、21、84、135、142、183
スズメガ	149
スダジイ	49、81
世界三大樹木病害	196
セルロース	29
穿孔褐斑病	193
前生稚樹	169
線虫	195
剪定こぶ	62
潜伏芽	13、19、98、120
センペルセコイア	19
ゼンマイ	164
腺毛	132
センリョウ	29
早材	12
ゾウムシ	137、201
側芽	13

ソメイヨシノ	18、25、192、210、226

た	
台勝ち	226
タイサンボク	193
タケ	18、214
タチツボスミレ	164
ダニ室	178
タマバエ	202
タマバチ	64、203
タマムシ	204
炭疽病	65、192
弾発型	148
タンポポ	136
地衣類	71
着生植物	180、205
虫媒花	149
チョウ	201
頂芽	13、97
頂芽優勢	96
チングルマ	166
接ぎ木	25、225
ツキノワグマ	176
ツゲ	29
ツツジ	66、153、193、211
ツツジ類もち病	192
ツバキ	193、205
てんぐ巣病	60
トウカエデ	18、176
胴枯れ病	35、77
トウジュロ	212
トウネズミモチ	155、183
胴吹き	63、119
胴吹き枝	70、99
倒木更新	172
徒長枝	70
トビイロケアリ	73
トベラ	144、160
トリュフ	187

な	
内樹皮	12、204
ナミアゲハ	133
ナラ枯れ	197
ノラ類	137
二次肥大成長	213
ニッパヤシ	162
乳液	136
乳管	136

ニレ立枯病	196
ニレハムシ	201
ヌルデ	64、170
ネズミ	137
粘菌	185
年輪	28、102
ノキシノブ	181

は	
葉	13
ハイペリオン	19
ハイマツ	165
ハエ	64、149、202
バクテリア	185
ハクモクレン	209
ハダニ	64、200
ハチ	64、202
ハナアブ	149
バナナ	214
ハナバチ	149
ハナミズキ	154、192
ハバチ	66、201
ハムシ	66、201
バルブ	181
半寄生植物	180、205
板根	48
晩材	12
反応帯	136
ハンノキ	161
ビイロケアリ	73
ヒカゲヘゴ	128
ひこばえ	63、70、119
肥大成長	40
引張あて材	29
ヒノキ	112、135、142、176
ヒマラヤスギ	106、109、140
ヒマワリ	214
皮目	13、221
日焼け	77
ヒヨドリ	209
ヒラドツツジ	200
ヒルギダマシ	162
ファイトプラズマ	199
風媒花	148
フェノロジカル・エスケープ	138
フジ	102
フシダニ	64、203
不定芽	70、125
不定根	124

不定根誘導	128	木部	12、103
ブドウ	134	もち病	193
ブナ	137、142	モッコクハマキ	201
ブナ科樹木萎凋病	197	モミ	96
冬芽	13	モミジ	152
フラス	204	モミジバスズカケノキ	42
プラタナス	18	紋様孔材	13
分生子	192		

や

ヘゴ	127	ヤエヤマヒルギ	162
ベッコウタケ	54、71、194	ヤクシマシャクナゲ	183
変形菌	185	ヤシ	18、212、214
辺材	12、53	ヤシャゼンマイ	164
ポインセチア	136、199	ヤツデ	142
放射孔材	13	ヤドリギ	180、205
放射組織	12、36、53、114、136	ヤナギ	105、126、134
保持材	32	ヤノナミガタチビタマムシ	175
捕食者飽食仮説	137	ヤブコウジ	212、214
ボダイジュ	152	ヤブツバキ	45、83
ポプラ	25	ヤマグワ	146、166、184
ポルチーニ	187	ヤマトタマムシ	178
ホルトノキ	178	ヤマモモ	74、198

ま

		ヤマモモこぶ病	74、198
マイカンギア	198	ユキヤナギ	154、164
マサキ	192	ユズ	133
マツ	21、36、63、96、105、131、135、176、195	ユズリハ	222
		養菌性キクイムシ	197
マツ枯れ	195	葉柄	13
マツこぶ病	74	陽葉	143
マツ材線虫病	195	ヨコバイ	63、200

ら

マツタケ	187	ライラック	225
マツノザイセンチュウ	195	ラクウショウ	161
マツノマダラカミキリ	195	らせん木理	20、88
マテバシイ	121	ラムズホーン	39
窓枠材	39	リーフマイナー	202
マメヅタ	181	リギダマツ	99
円星落葉病	65	リグニン	29
マングローブ	162	リス	137
マングローブ林	49	林冠	13
ミカン	133、226	リンゴカミキリ	66
ミズキ	149	ルビーロウムシ	201
ミヤマウグイスカグラ	132	レッドロビン	193
ムギラン	182		
ムクノキ	49		
ムササビ	176		
虫こぶ	64、203		
ムツボシテントウ	175		
ムラサキハシドイ	225		
木生シダ	127		

参考文献

日本緑化センター 編.最新・樹木医の手引き 改訂4版.日本緑化センター,2015.

小林享夫.樹木医必携.日本樹木医会,2010.

城川四郎,他.樹に咲く花　合弁花・単子葉・裸子植物.山と渓谷社,2001.

高橋秀男,他.樹に咲く花　離弁花1.山と渓谷社,2000.

太田和夫,他.樹に咲く花　離弁花2.山と渓谷社,2000.

堀大才,他.樹木診断調査法.講談社,2014.

堀大才.新版　絵でわかる樹木の知識.講談社,2023.

小池孝良,他.木本植物の生理生態.共立出版,2020.

樹木医学会編.樹木医学の基礎講座.海青社,2014.

清水建美.図説 植物用語事典.八坂書房,2001.

三沢彰,高倉博史.夜間照明による街路樹の落葉期への影響.造園雑誌,1989,53.5:127-132.

勝木俊雄.樹木の寿命.樹木医学研究,2019,23.4:239-247.

石井弘明,他.高木の通水構造と機能.日本森林学会誌,2017,99.2:74-83.

ROSELL, Julieta A., et al. Bark functional ecology: evidence for tradeoffs, functional coordination, and environment producing bark diversity. New Phytologist, 2013, 201.2: 486-497.

Claus Mattheck , et al.図解　樹木の力学百科.講談社,2019.

相蘇春菜.重力ストレス応答から読み解く樹木のかたち.アグリフォーレ・レポート:静岡県立農林環境専門職大学・静岡県立農林環境専門職大学短期大学部紀要・年報= Agrifore report: bulletin and annual report Shizuoka Professional University of Agriculture, Shizuoka Professional University Junior College of Agriculture/静岡県立農林環境専門職大学・静岡県立農林環境専門職大学短期大学部紀要・年報編集委員会 編, 2022, 2: 55-59.

近藤民雄.木化と心材形成:樹が生きつづける仕組み.九州大学農学部演習林報告,1982.

堀大才,岩谷美苗.図解 樹木の診断と手当て -木を診る 木を読む 木と語る-.農山漁村文化協会,2002.

崎尾均,他.水辺林の生態学.東京大学出版会,2002.

沖田総一郎, 他. 沖縄県内に植栽されたマングローブ樹種5種における葉の浸透調整物質蓄積の季節変動.樹木医学研究,2019,23.2:83-92.

砂押里佐;逢沢峰昭;大久保達弘.栃木県北部那須岳におけるハイマツのシュート成長と球果生産の年次変動.森林立地,2014,56.1:55-61.

YAMAMOTO, Fukuju; SAKATA, Tsutomu; TERAZAWA, Kazuhiko. Growth, morphology, stem anatomy, and ethylene production in flooded Alnus japonica seedlings. Iawa Journal, 1995, 16.1: 47-59.

山本福壽.樹木とストレス.樹木医学研究,2013,17.3:85-93.

加藤雅啓.渓流沿い植物の進化と適応に関する研究.分類,2003,3.2:107-122.

麻生誠.樹木の生長と風.林學會雑誌,1931,13.11:861-864

与真でみる　林木の気象害と判定法.森林総合研究所,2019.

飯塚康雄,舟久保敏.街路樹の倒伏対策の手引き 第2版.国土技術政策総合研究所資料(Web),2019.

Malcolm K. Hughes.年輪に気候の歴史を読む―年輪気候学―.森林科学,1998,23:11-19.

佐藤亜貴夫;中島勇喜.ヤナギ類の分布拡大方法についての一考察:流枝による分布拡大について.

Journal of Rainwater Catchment Systems, 2009, 15.1: 41-46.

小池孝良, 他.木本植物の被食防衛 -変動環境下でゆらぐ植食者との関係.共立出版,2023.

YAMAWO, Akira, et al. Ant-attendance in extrafloral nectar-bearing plants promotes growth and decreases the expression of traits related to direct defenses. Evolutionary Biology, 2015, 42: 191-198.

YAMAWO, Akira, et al. Leaf ageing promotes the shift in defence tactics in Mallotus japonicus from direct to indirect defence. Journal of Ecology, 2012, 100.3: 802-809.

CHAMBERLAIN, Scott A.; HOLLAND, J. Nathaniel. Quantitative synthesis of context dependency in ant–plant protection mutualisms. Ecology, 2009, 90.9: 2384-2392.

鎌田直人. 保全講座 3: 昆虫による加害と植物の防御 (I). 樹木医学研究, 2008, 12.4: 213-221.

鎌田直人. 保全講座 3: 昆虫による加害と植物による防御 (II). 樹木医学研究, 2009, 13.1: 21-27.

今野浩太郎. 植物の耐虫防御機構と植食昆虫の対抗適応機構を巡る最近のトピックス: 食害時・食害場所特異的な植物防御と昆虫の防御回避の分子メカニズム. 北日本病害虫研究会報, 2004, 2004.55: 1-10.

PAIVA, Elder Antônio Sousa; BUONO, Rafael Andrade; LOMBARDI, Julio Antonio. Food bodies in Cissus verticillata (Vitaceae): ontogenesis, structure and functional aspects. Annals of botany, 2009, 103.3: 517-524.

山田利博. 保全講座 2: 微生物の感染と樹木の反応. 樹木医学研究, 2008, 12.2: 91-97.

AOYAGI, Hitoshi; NAKABAYASHI, Miyabi; YAMADA, Toshihiro. Newly found leaf arrangement to reduce self-shading within a crown in Japanese monoaxial tree species. Journal of Plant Research, 2024, 137.2: 203-213.

矢野興一.観察する目が変わる植物学入門.ベレ出版,2012.

田中肇.花に秘められたなぞを解くために　花生態学入門.農村文化社,1993.

石井博.花と昆虫のしたたかで素敵な関係 受粉にまつわる生態学.ベレ出版,2020.

石田祐子, 他. コナラの繁殖戦略に関する基礎的研究-着花高度による送粉様式の違い. 広葉樹研究, 2015, 16: 1-12.

内海俊策. 花はなぜ美しいか 1. 昆虫と受粉. 千葉大学教育学部研究紀要= Bulletin of the Faculty of Education, Chiba University, 2002, 50: 441-448.

OYAMA, Hiroki, et al. Variable seed behavior increases recruitment success of a hardwood tree, Zelkova serrata, in spatially heterogeneous forest environments. Forest Ecology and Management, 2018, 415: 1-9.

星野義延. ケヤキの果実散布における風散布体としての結果枝. 日本生態学会誌, 1990, 40.1: 35-41.

岡本素治. 果実の形態にみる種子散布 (総説). 植物分類, 地理, 1992, 43.2: 155-166.

YAGIHASHI, Tsutomu; HAYASHIDA, Mitsuhiro; MIYAMOTO, Toshizumi. Effects of bird ingestion on seed germination of Sorbus commixta. Oecologia, 1998, 114: 209-212.

YAGIHASHI, Tsutomu; HAYASHIDA, Mitsuhiro; MIYAMOTO, Toshizumi. Inhibition by pulp juice and enhancement by ingestion on germination of bird-dispersed Prunus seeds. Journal of forest research, 2000, 5: 213-215.

西田佐知子. 葉上の小器官「ダニ室」. 分類, 2004, 4.2: 137-151.

笠井敦, 他. クスノキとそのダニ室内外で観察されるダニ類の相互作用に関する研究. 京都大学, 2006.

ERWIN, Terry L. Tropical forests: their richness in Coleoptera and other arthropod species. The Coleopterists Bulletin, 1982.

福山研二. 林冠部の昆虫の多様性. 森林科学, 1997, 20: 24-29.

SUETSUGU, Kenji, et al. Aerial roots of the leafless epiphytic orchid Taeniophyllum are specialized for performing crassulacean acid metabolism photosynthesis. New Phytologist, 2023, 238.3.

ZOTZ, Gerhard. The systematic distribution of vascular epiphytes—a critical update. Botanical Journal of the Linnean Society, 2013, 171.3: 453-481.

堤千絵. 着生植物はどのように生まれたか?(第 11 回日本植物分類学会奨励賞受賞記念論文). 分類, 2013, 13.1: 1-8.

齋藤雅典編著.菌根の世界 菌と植物のきってもきれない関係.築地書館,2020.

徳地直子, 他. 里山の植生変化と物質循環 竹林拡大に関する天王山における事例. 水利科学, 2010, 54.1: 90-103.

宝月岱造.外生菌根菌ネットワークの構造と機能(特別講演). 土と微生物, 2010, 64.2: 57-63.

HENRIKSSON, Nils, et al. Re-examining the evidence for the mother tree hypothesis—resource sharing among trees via ectomycorrhizal networks. New Phytologist, 2023, 239.1: 19-28.

BENNETT, Jonathan A., et al. Plant-soil feedbacks and mycorrhizal type influence temperate forest population dynamics. Science, 2017, 355.6321: 181-184.

日本林業技術協会編.森の虫の100不思議.東京書籍,1991.

高松進, 宮本拓也. 植物防疫講座 病害編 (13) うどんこ病菌による病害の発生生態と防除. 植物防疫= Plant protection, 2019, 73.1: 53-58.

HIGUCHI, Seiichi, et al. The "chi-chi" of Ginkgo biloba L. grows downward with horizontally curving tracheids having compression-wood-like features. Journal of Wood Science, 2023, 69.1: 27.

TRALAU, Hans. Evolutionary trends in the genus Ginkgo. Lethaia, 1968, 1.1: 63-101.

向井譲. ソメイヨシノとサクラ野生種との交雑とその要因. 森林科学, 2014, 70: 21-25.

鶴田燃海, 他. ソメイヨシノとサクラ属野生種との交雑範囲および遺伝子流動に影響する要因の推定. 日本森林学会誌, 2012, 94.5: 229-235.

鶴田燃海; 王成; 向井譲. ソメイヨシノの自家不和合性およびサクラ属野生種との交雑親和性に違いが生じる時期. 園芸学研究, 2012, 11.3: 321-325.

大橋広好,他.改訂新版 日本の野生植物 1 ソテツ科~カヤツリグサ科.平凡社,2015.

叢敏, 他. 室内に 11 年間保存されたヌルデを含む先駆性種 4 種の種子の発芽能維持. 植物地理・分類研究= The journal of phytogeography and taxonomy, 1997, 45.2: 103-107.

著者紹介

瀬尾 一樹（せお・かずき）

1994年生まれ。名前はペンネーム。樹木医・インタープリターとして、都内近辺とウェブを舞台に身近な自然の魅力を発信している。街中に生える路傍雑草と呼ばれる植物や、木が生きていくための仕組みに興奮する。著書に、『やけに植物に詳しい僕の街のスキマ植物図鑑』（大和書房）、『科で見分けて楽しむ　雑草観察図鑑』（山と渓谷社）がある。

● ── カバー・本文デザイン　都井 美穂子
● ── DTP　スタジオ・ポストエイジ
● ── 写真　瀬尾 一樹
● ── イラスト　安賀 裕子

樹木医がおしえる　木のすごい仕組み

2025 年 3 月 25 日	初版発行
2025 年 5 月 23 日	第 2 刷発行

著者	瀬尾 一樹
発行者	内田 真介
発行・発売	ベレ出版
	〒162-0832　東京都新宿区岩戸町12 レベッカビル
	TEL.03-5225-4790　FAX.03-5225-4795
	ホームページ　https://www.beret.co.jp/
印刷・製本	三松堂株式会社

落丁本・乱丁本は小社編集部あてにお送りください。送料小社負担にてお取り替えします。
本書の無断複写は著作権法上での例外を除き禁じられています。購入者以外の第三者による
本書のいかなる電子複製も一切認められておりません。

©Kazuki Seo 2025. Printed in Japan

ISBN 978-4-86064-789-6 C0045

編集担当　坂東 一郎

ベレ出版の植物の本

植物の体の中では何が起こっているのか

嶋田幸久／萱原正嗣
978-4-86064-422-2
四六判並製　352ページ
定価1,980円（本体1,800円＋税10%）

花と昆虫のしたたかで素敵な関係
受粉にまつわる生態学

石井博
978-4-86064-610-3
四六判並製　291ページ
定価1,980円（本体1,800円＋税10%）

サボテンはすごい！
過酷な環境を生き抜く驚きのしくみ

堀部貴紀
978-4-86064-699-8
A5判並製　216ページ
定価2,420円（本体2,200円＋税10%）